U0142266

地震概論
Introduction to Earthquake

趙克常 編著　　吳善薇 校訂

五南圖書出版公司 印行

前言

　　地震是一種常見的自然現象。中國幅員遼闊，是個多地震國家，地震是中國人民面臨的一種主要的自然災害。在當今地震不能準確預報的前提下，要減少地震傷亡，主要有提升硬體和軟體水準兩個管道。所謂硬體就是指房屋建築的抗震能力，這是和經濟強弱密切相關的；而軟體是指人們的科學文化素養和抗震減災意識，這在中國有極大的提升空間。事實表明：在相似的環境背景下，一個相同規模的地震在中國的傷亡要遠大於在日本、美國等發達國家。所以，作為一個研究地震和講授地震課程的人，我要拋棄自己談到地震預報時的汗顏與無奈，大力促進地震科學知識的大眾傳播以及民眾的科學素質水準的提升，使地震科學更好地服務社會。這對於我是責無旁貸的。

　　地震概論是一門為北京大學本科生素質教育量身定做的課程，2007年開設，具有典型的自然科學類課程的特徵，深受學生喜愛。2008年的汶川大地震極大地激發了學生學習地震科學知識的熱情，地震概論趁勢發展壯大成為北京大學第一大課。現在，每年選修該課的學生達兩千多人。作者起初搜集、整理編寫了一本課程講義作為教學材料使用，這本教材就是在該講義基礎上經過補充、整理而成的。毋庸置疑，本書的出版使得量大面廣的地震概論課程如虎添翼，日趨成熟、完美和精緻。

　　本書是研究地震的入門書籍，簡明扼要地介紹了地震學的基本概念以及研究的內容和方法，內容包括地震學簡史、地震波及其傳播理論、地震儀原理與地震基本參數的測定、地震機理、地球內部結構的確定、地震預報和臨震措施、宏觀地震學、勘探地震學（人工地震）初步和海嘯等。本教材博採眾長，借鑒或引用了很多國內外優秀的教材和科學書籍的內容和圖件，這些

資料的大部分被列到書後的參考書目中。

　　在本書將要出版之際，作者深深感謝那些對本書的編寫提供支持和幫助的人。首先，眞誠感謝所有選修地震概論的北大學生，沒有他們的支持與幫助就沒有此書的立項；其次，感謝爲地震概論課程認眞負責、積極工作的助教們，尤其要感謝參與部分章節原稿編寫工作的周騰飛、李琳和劉韜三位助教，他們爲課程做出了積極的貢獻；再者，非常感謝王樹通編輯，沒有他及時的催促和辛勤的工作，這本書不可能按時出版；最後，我要感謝我的家人，他們承擔了全部家務，爲我撰稿提供了充裕的時間，此書的出版他們功不可沒。

　　由於作者水準有限且編寫倉促，書中不妥和錯誤之處難免，請讀者提出寶貴意見、批評和指正。

趙克常　2011年11月於北京大學

目錄

第一章

地震學的研究範圍和歷史

　　地震和颱風、下雨、雷電一樣，是一種常見的自然現象。全球每年約發生500萬次地震，人們可以感覺出來的僅占1%，造成嚴重破壞的規模7以上的大地震約有18次，規模8以上的特大地震1～2次；越小的地震越多，越大的地震越少。全世界有6億多人生活在強震帶上，20世紀約有200萬人死於地震，隨著人口密度的增大，預計21世紀將有約1500萬人死於地震。中國是個多地震國家，地震活躍區的居民一般都有切身體驗，甚至是出生入死地親歷險境；20世紀以來，中國發生了800多次規模6以上的地震，平均每年約8次；歷史記載全球死亡超過20萬人的地震有6次，其中在中國就有4次，地震是中國人民必須面對的一種主要的自然災害。強烈的地震，會直接和間接造成破壞，不管直接還是間接，統稱之為地震災害。然而，任何事物都有兩面性，地震雖然是一種自然災害，但迄今為止，人們對地球內部的瞭解主要來自地震給我們帶來的資訊，因為地球有不可入性，其內部結構只能靠地震激發的地震波來研究，地震相當於一盞照亮地球內部結構的明燈。

■第一節　什麼是地震學

　　地震學是關於地震的一門科學，其英語單詞seismology是由希臘語seismos（地震）和logos（科學）兩個詞構成的，是固體地球物理學的一個重要分支。具體來說，它是以地震資料為基礎，用數學、物理和地質知識研究地震機理及地震波傳播的規律，以防禦地震災害、研究地殼和地球內部的構造以及促使研究結果在經濟建設和國防建設中得以應用。隨著地震學的發展，新的研究分支不斷湧現，其研究範圍也日益廣泛。

　　從地震學基礎研究的內容上看，地震學主要包括兩個方面：一方面是地震的科學以及地球內部物理學，後者主要研究地震波的傳播，從而得出地球內部結構的結論；另一方面是彈性波（地震波）的科學，主要研究地震、爆炸等激發的彈性波的產生、在地球內部的傳播、記錄以及記錄的解釋。再

者，還有一個分支：應用地震學，其又可以分爲幾個更細的小分支，如地震勘探，就是運用地震方法尋找礦產、石油、天然氣等經濟上的重要資源；還有爲建築目的服務的工程地震學；此外，辨別天然地震和核爆炸問題也是應用地震學的一個研究分支。

　　地震是一種嚴重的自然災害，毋庸置疑，地震學研究的目的開始肯定是爲了減輕、防禦地震災害，地震學是在研究天然地震的過程中產生的，也是圍繞天然地震的研究發展壯大起來的。地震既有天然的，也有人工的，引發地震的因素是很多的，與地震相關的現象也是複雜多樣的。地震學最初的研究工作都是描述性的，隨著對地震波研究的發展，開始研究地震波的激發、地震波在地球介質中的傳播機理以及收集和分析地震資料的方法；隨著科技的進步，地震孕育過程中的一系列的前兆現象、發震時間的地震效應以及震後現象也成爲地震學研究的重要內容。總之，當今的地震學已經成爲一門研究地震的孕育、發生和震後的全過程和相關現象的科學。

　　根據國際上一種最常見的學科劃分方法，地震學是固體地球物理學的一個分支，而固體地球物理學又是上一級學科──地球物理學的一部分，同時地球物理學也是涉及面極爲廣泛的地球科學的一個分支。學科劃分的示意圖如圖1.1所示。

　　固體地球物理學由九個分支組成，地震學是其一個重要部分。應該說這個名稱不太確切，所謂固體主要是指除了大氣和海洋以外的固體地球，而從嚴格的物理學意義而言，僅用固體並不能完全描述地球內部物質的性質；從物理學角度來看，地球僅在不到100公里深度的外表和內核處是固體，而其他部分則不能視爲固體。現在，普通民眾，甚至大學裏或者地學研究機構的人都習慣簡單地用地球物理學這個名稱來指固體地球物理學研究範圍的內容。

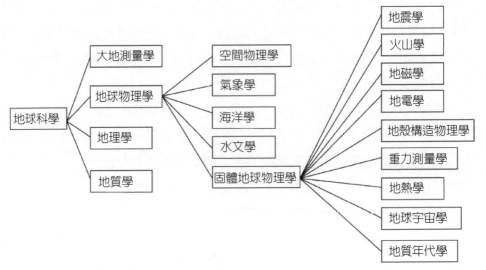

圖1.1　地球科學、地球物理學、固體地球物理學的學科劃分圖，對所列其他學科未作細分

　　地震學是一門應用物理學。這門學科的研究者首先必須具備全面的數學和物理知識，另外，地質學和統計學等其他方面的知識也會有很大的用處。地球物理學就是用物理學的方法研究地球的問題，固體地球物理學則是通過觀測地球表面上的物理效應來研究地球內部的物質的性質。固體地球物理學和地質學是密切相關的，但是兩者是根本不同的，無論從觀點上還是從研究方法上看都截然不同。1956年北京大學的剛開設的地震學專業就設置在物理系裏；現在在北京大學開設的素質教育通選課程「地震概論」是一門物理類課程，而不是地質類課程。地質學有一個分支是地震地質學，也研究地震現象，主要研究與地震相關的地質構造、構造活動和地殼應力狀態等。科技的發展促進了物理方法對地震現象的研究，地震儀的出現又把地震觀測和理論研究聯繫起來，這些都使地震學的研究發生了質的飛躍。有經驗的人用手拍拍西瓜、聽聽聲音就可以挑選好西瓜，地震學家也一樣，透過穿透地球的地

震波來分析地球內部的構造和運動狀態。迄今爲止，地震波是唯一能夠貫穿地球的波動。其實，關於地球內部構造和運動的許多重要的結果，都是從地震學研究中獲得的。在研究地球淺層和深部構造的各種地球物理方法中，地震學方法解析度是最高的，例如地震勘探，比重力勘探、磁性勘探和電法勘探的解析度都高很多，也是地球物理勘探中一種十分重要的方法。

■ 第二節　地震學的研究範圍和主要的研究方面

人類很久以前就開始研究地震了，尤其是在地震儀出現後，地震學的研究有了長足的進步。其研究範圍也是很廣的，主要有下面三個方面：

(1) 宏觀地震學：主要是指地震災害的調查和研究、地區基本震度的劃分，以達到爲建築物的抗震設計提供合理的資料和指標，並爲地震預報提供宏觀資料。

(2) 地震波的傳播理論：根據地震站網觀測得到的地震資料，研究地震波的發生及傳播特徵，並用來研究地殼和地球內部的結構、組成和狀態。

(3) 測震學：內容包括地震儀器的研製、地震觀測台網的佈局以及記錄圖的分析、處理和解釋工作。

上面的(2)、(3)兩個方面又稱爲微觀地震學的研究範圍。

地震學和普通地球物理學相似，在三個平行的方面展開研究：對地震現象進行觀測，開展實驗室研究和理論研究。由於研究者無法對地球內部直接進行考察，地震學課題的研究工作一般會有很高的難度。僅依靠在地表進行間接的觀測，再加上地球內部的很多不確定性，對觀測結果的進行解釋時必然會有很大的困難。

地震學的主要研究大致分爲如下八個方面：

(1) 基本震度的制定及地震區劃：用宏觀地震學的方法，即經由對發生地震的現場的直接觀測來對地震的成因和災害進行調查，最後進行地震危險

區的劃分及抗震建築的設計等工作，提出地區的基本震度值。

(2) 地震波傳播理論的研究：主要研究各類地震波在地球介質中的傳播特徵。早在20世紀末，自雷利（J. W. S. Rayleigh）（表）面波和洛夫（A. E. H. Love）（表）面波的研究開展以來，層狀介質中各類波的特徵的研究已相當深入。近代關於非彈性介質中各類波的傳播特徵的研究工作也已逐步在進行。

(3) 地殼和地球內部物理的研究：大家知道，有關地殼和地球內部的知識主要來自地震學的研究。因根據地球內部地震波速度的分佈狀況，可推出地殼和地球內部的結構。現在關於地殼的橫向不均勻性及上部地函低速層的特徵等地球內部的精細結構，也正在深入研究之中。

(4) 震源物理的研究：主要指研究地震的成因和機制，即研究地震發生的力學原因。這也是地震預報研究的一個重要環節。

(5) 地震資料的分析和處理方法的研究：研究如何消除干擾以突出地震信號而便於分析，並準確快速測定基本參數，及時提供有關地震活動性的時空分佈資料。

(6) 地震觀測系統的佈局及新型地震儀器的研製。當時，有線及無線傳輸技術，大型台陣的設置以及小型地震儀、長週期地震儀的研製工作等都在日新月異地發展著。

(7) 地震預報工作的綜合研究：總結地震預報的測震方法的規律性，並與其他前兆手段相對比，得出科學的預報方法而應用於實踐中去。

(8) 模型試驗的研究：在實驗室中模擬各類地震波在高溫高壓的狀態下在各種模型構造中的傳播，從而作為數位研究及資料觀測的一種必不可少的補充研究手段。如類比非均勻介質中首波的傳播特徵，低速層中導波的形成機制，非彈性介質中P、S波的衰減，各類不同錯動方式的震源的特徵等。現在，世界上許多地球物理研究機構都建立有模型實驗室，一般用二維及三維介質模型，以壓電晶體作為電聲換能器來發射和接收類比地震波，用示波

器顯示記錄波形。

　　以上是地震學研究的主要範圍，與地震學相關的學科還很多，這些學科從某種意義上說，也是地震學的分支學科，如勘探地震學和工程地震學，以及學科交叉而產生的邊緣學科：地震地質學、地震工程學和地震社會學。本書將有一章闡述勘探地震學。此外，地震會引發海嘯，本書最後一章將介紹由地震產生的海嘯災害的基本知識。

■第三節　地震學的基本名詞和概念

　　為了讀者閱讀方便，本節簡要地介紹一下地震學中常見的基本名詞和概念。

　　(1) 地震（earthquake）是地球內部介質（岩石）突然發生破壞，產生地震波，並在相當範圍內引起地面震動的現象。破壞開始的地方稱為震源。震源在地球表面的垂直投影稱為震央。當地震很大時，地球介質破壞區的尺度可達幾十甚至幾百公里，稱為震源區。大多數地震在地面引起的震動只有用靈敏的儀器才能察覺。地面震動是地震直接造成的基本現象之一。地震引起的地面震動相當複雜，包含著各種不同頻率和振幅的振動，震動的優勢方向也隨時間變化。因而地震時地面質點運動的軌跡呈現出一種相當複雜的圖像。強烈的地面震動還會在有些地方造成砂土液化，使一些結構堅固的建築物因地基失穩而整體傾塌。在現代化城市中，地震引起的道路坼裂，鐵軌扭曲，橋樑折斷，堤壩潰決，以及由於地下管道和電纜被破壞造成停水、停電、通信中斷和爆炸起火，有毒氣體逸出等都會釀成極嚴重的次生災害。

　　(2) 震源：地球內部發生地震的地方稱為震源（或稱震源區）。理論上將震源看成一個點（圖1.2）而實際上是一個區。

　　(3) 震源深度：將震源看做一個點，此點到地面的垂直距離稱為震源深度，一般用字母h表示（圖1.2）。

(4) 震央：震源在地面上的投影點稱爲震央（或稱震央區）。同時，地面上受破壞最嚴重的地區叫極震區，理論上震央區和極震區是相同的，實上由於地表局部地質條件的影響，極震區不一定是震央區。

與震央相對的地球直徑的另一端稱爲對震央；或稱震央對蹠點。

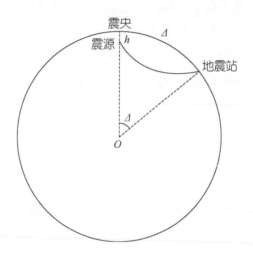

圖1.2　震源、震央、震源深度、震央距離示意圖

(5) 震央距離：在地面上，從震央到任一點沿大圓弧測量的距離稱爲震央距離。一般用字母Δ表示（圖1.2）。它可用線距離表示，也可用地心所張的角表示。

(6) 發震時刻：發生地震的時刻，一般用字母O或T_0來表示。中國以北京時間標出，比格林威治時間早8小時。

(7) 地震波：發生於震源並在地球表面和內部傳播的彈性波稱爲地震波。波傳播時所經的路徑稱爲地震射線。

(8) 地震震度、震度表、等震線：按一定的宏觀標準，表示地震對地面影響和破壞程式的一種量度，稱爲震度，通常用字母I表示；按震度值的大小排列成表，稱爲震度表。中國使用12度震度表；將地面上等震度的點聯成

線，稱爲等震線。

(9) 規模：按一定的微觀標準，表示地震能量大小的一種量度，通常用字母M表示。它與地震波釋放的能量E的關係爲

$$\log E = 11.8 + 1.5M \tag{1.1}$$

規模和震度都是衡量地震強度的一種量度。兩者之間的關係複雜，根據統計結果，震央震度與規模有下述經驗公式

$$M = 1 + \frac{2}{3}I_0 \tag{1.2}$$

(10) 地震序列：地震在有限的空間和時間範圍內有成叢發生的傾向。這種成叢發生的地震稱地震序列。按時間順序和規模分佈，地震序列分爲：主震型和震群型。

① 主震型：通常包括主震和大量的餘震。有些地震序列還包括一系列前震。若地震序列中，特別大的地震只有一次，則稱之爲主震；發生在主震之前的中、小地震叫前震；發生在主震之後的大量較小地震叫餘震。

② 震群型：在一個地震序列中包含著若干個規模相差不多的地震，而無一特大規模的地震時，稱之爲震群。近代觀測到的規模最大的震群是1965年8月開始的日本松代震群。這次震群活動持續了將近10年之久，自1965年8月至1967年底共發生有感地震61495次，其中規模在5.0～5.4的9次，規模4以上的48次。在中國幾個主要地震區都有震群發生，但其規模要比松代震群小得多。

爲研究方便，按震動的性質，地震可分爲天然地震、人工地震及脈動三類。對於天然地震，有下述分類：

(1) 按成因劃分

① 構造地震：由於地下岩層錯動而破裂所造成的地震稱為構造地震。全球90%以上的天然地震都是構造地震。

② 火山地震：由於火山作用（噴發、氣體爆炸等）引起的地震稱為火山地震。占全球發生地震數的7%。

③ 陷落地震：由於地層陷落（如喀斯特地形，礦坑下塌等）引起的地震稱為陷落地震。占總數的3%。

(2) 按震源深度劃分

① 淺源地震：震源深度小於60km的天然地震稱為淺震；也稱正常深度地震。大多數地震都為淺源地震。

② 中源地震：震源深度在60～300km之間的地震稱為中源地震。

③ 深源地震：震源深度大於300km的地震稱為深震。已記錄到的最深地震的震源深度約700km。有時也將中源地震和深源地震統稱為深震。

(3) 按震央距劃分

① 地方震：震央距小於100km的地震。

② 近震：震央距小於1000km的地震。

③ 遠震：震央距大於1000km的地震。

(4) 按規模劃分

① 弱震：$M < 3$的地震。

② 有感地震：$3 \leq M \leq 4.5$的地震。

③ 中強震：$4.5 < M < 6$的地震。

④ 強震：$M \geq 6$的地震。其中$M \geq 8$的地震又稱為巨大地震。

■第四節　古代人類對地震的認識

一、地震學前史

古地震的資料分析表明，地震的歷史比人類的歷史漫長得多。人類自從誕生時起，就一直在遭受著地震的嚴峻考驗。學者們普遍認爲，諸多輝煌的古文明都因地震而滅絕。

在科學不發達的過去，人們對地震發生的原因，常常借助於神靈的力量來解釋。在中國，民間普遍流傳著這樣一種傳說，他們說地底下住著一條大鼇魚，時間長了，大鼇魚就想翻一下身，只要大鼇魚一翻身，大地便會顫動起來。大約西元7～8世紀時，這一傳說傳入日本，16世紀末日本民間便出現了「地震鯰」的傳說：地球是靠一條巨大的鯰魚支撐著，鯰魚不高興時，尾巴一甩，就造成了地震。19世紀在日本出現了「鯰繪」（圖1.3），也就是描繪社會動盪或自然變故的早期漫畫。

圖1.3　日本地震鯰傳說：一塊「要石」正好壓在地底的大鯰頭上，警示其他鯰魚不要晃動

資料來源：東京大學地震研究所藏

其中往往有人類對神怪狀的鯰或搏鬥或祭祀或喜慶的場面。看來對位於環太平洋火山地震帶上的島國住民來說，時不時的地震是永遠的心頭大患。而日本的「鯰」和中國的「年」最初都是凶獸，鯰繪和年畫應該都是為了鎮災而產生的。現在，由於歷史的原因，被制服了的鯰魚居然成了日本地震研究的一個形象的標誌。用現代人的眼光分析這些傳說，當然是荒誕不經的。除了中國和日本，其他國家或地區也有不同的迷信說法。例如，在古希臘的神話中，海神普舍頓就是地震的神；古印度人認為，地球是由站在大海龜背上的幾頭大象背負的，大象動一動就引起了地震；紐西蘭（New Zealand）傳說地下住著一位女神，名叫地母，當地母發怒的時候，會揮動手腳，造成大地震動，於是便發生地震。類似的傳說還有：把地震成因歸為青蛙（蒙古）、公豬（印尼的西裏伯斯）或烏龜（美洲的印第安人）的扭動。也有關於地下住著動物在作怪的傳說。這些傳說曾長期禁錮人的思想，而隨著科學的進步，沒有人再相信這類迷信的說法了。

在古希臘，對地震問題還是做了一些有意義的探討。伊壁鳩魯（Epicurus）認為，「地震是由於風被封閉在地殼內，結果使地殼分成小塊不停地運動，即風使大地震動而引起地震。」盧克萊修（Lucritius）則認為，「來自外界或大地本身的風和空氣的某種巨大力量，突然進入大地的空虛處，在這巨大的空洞中，先是呻吟騷動並掀起旋風，繼而將由此所產生的力量噴出外界，與此同時，大地出現深的裂縫，形成巨大的龜裂」，這便是地震。據說，亞里斯多德（Aristoteles）也認為「氣」是地震的成因，只是他說地下之氣是由太陽照射造成的，陽光使地內濕性土壤變成水蒸氣，並且同時形成一種「幹氣」，幹濕二氣相互衝突，就引起了地震。

然而在其後相當長的一段時間裏，有關地震的認識幾乎沒有任何實質性進展。中世紀神學的統治甚至使人倒退回了用超自然力量去解釋地震的水準。1570年11月，義大利佛拉拉發生大地震。1571年，加里西奧（Galesius）在總結這次大地震時，提出了一些諸如大旱、暴雨、彗星出現、日光

朦朧、地內怪聲、大海騷動、湖水井水異常以及鳥類飛翔紊亂等地震前兆現象，並建議了預防地震的若干措施。這些措施中包括房屋建築抗震和應急避震方面的一些經驗，無疑這些經驗很值得借鑒，但更主要的則是「牆壁四周掛上神像」，以及「禱告上帝大發慈悲」之類的訓誡。這說明，當時的地震知識還深深地禁錮在神學之中。據說，直到1750年，一個文章的作者在英國皇家學會會報的哲學報告中，還對在企圖對地震作自然解釋時易於被觸犯的人們表示歉意。

　　1755年11月1日，萬聖節，正當虔誠的教徒前往教堂「與上帝同在」的時候，距葡萄牙里斯本城幾十公里的大西洋海底發生強烈地震。這次迄今為止歐洲最大的地震使里斯本市遭受毀滅性打擊，70000人死亡。大地震引起的海嘯巨浪高30m，海水進退十餘次，沿岸城市洗劫一空，英國、北非和荷蘭的海岸也受到不同程度的損害。里斯本大地震後，「上帝管理地震」的能力受到普遍懷疑，歐洲的地震研究開始從神學的統治下解放出來。

　　在很多國家和地區的歷史文獻中，都能找到或多或少的有關地震的記載和傳說。許多民族的先哲也都曾對地震成因問題做出過各具特色的說明。然而無論從哪個方面說，中國人在這個領域中的貢獻都是無與倫比的。或許這並不奇怪：許多輝煌的古代文明今天僅僅具有遺跡的意義，唯有中華民族的歷史綿延數千年不息；許多世界奇跡——例如金字塔——都被不無道理地懷疑成外星人的作為，只有對萬里長城是中國人用雙手創造出的世界奇跡這一點人們至今堅信不疑。中國是一個多地震的大國，人們對地震的認識最早始於中國。幾千年來，中國人民在與地震災害的鬥爭中付出了極其巨大的代價。1556年陝西關中大地震，是人類歷史上死亡人數最多的一次大震，這次波及範圍達90萬平方公里的巨大地震造成96個州縣的嚴重破壞，明《嘉靖實錄》記載「壓死官吏軍民奏報有名者八十三萬有奇……其不知名、未給奏報者複不可數計」。偉大的文明往往起源於巨大的痛苦，頻繁的地震災害造就了中國古代輝煌的地震學成就。可以說，近代地震學產生之前的地震學史的

主旋律，就是古代中國的地震學。

二、中國豐富的地震史料

　　地球在整個地質時期都經受過地震，文字記載可追溯到過去的幾千年。在中國，學者們曾從很早以前的歷代王朝文獻、文學作品及其他來源得到地震證據。中國自然史料源遠流長，連續性好，覆蓋廣闊，包羅萬象。中國人對地震的觀察和記載是相當早的。《竹書紀年》所載西元前1831年「泰山震」，可能是世界上最早的地震文字記載之一。《春秋》一書記載了西元前722年至西元前476年山東西南的5次地震。《國語》、《晏子春秋》以及《左傳》等先秦古籍中，也都有關於地震的敘述。當然，這些記載連續性很差，記述也很簡略，可供科學分析的資訊也較少。

　　秦漢起，全國政治上的統一和文化的發展加強了歷史資料記載工作，此間對地震等自然災害也開始有了比較連續的記載。中國地方誌開始的年代很早。宋代以後，編撰和重修的地方誌種類繁多，有全國總志、通志、府志、州志和縣誌等等。關於地震的記錄也相當連續、詳細和完整。在華北、華南、西北、西南的部分地區，地震史錄甚至可以達到規模6以上地震基本不漏的程度。

　　古老而系統的地震記錄，是一份珍貴的歷史遺產，具有重要的科學價值。根據歷史上強震震央的分佈情況和地震活動的記載，可以明確地圈定地震危險區，辨認出長期地震活動的週期和規律，這對地震預報，以及國民經濟建設的合理佈局都具有非常現實的意義。而直到今天我們還不能說，我們已經掌握了打開這一富饒的寶庫的鑰匙。難怪地震學家普雷斯（F.Press）指出：「中國歷史地震資料是每一個地震學家的文獻。」

三、張衡及其候風地動儀

張衡（西元78～139年）是東漢一位偉大的天文學家和地震學家。他製做的自動車、指南車、自飛木雕，均有史料可考。陽嘉元年（西元132年）張衡創製候風地動儀，這是世界上第一架地震儀。候風地動儀的出現標誌著一種思想的成熟：地震是由遠處一定方向傳來的地面震動。這表明張衡早于西方學者一千多年就知道地震影響是從震源向各個方向傳播的。《後漢書》記載：「陽嘉元年，複造候風地動儀。以精銅鑄成，圓徑八尺，合蓋隆起，形似酒尊，飾以篆文山龜鳥獸之形。中有都柱，旁行八道，施關發機。外有八龍，首銜銅丸，下有蟾蜍，張口承之。其牙機巧制，皆隱在尊中，覆蓋周密無際。如有地動，尊則振龍，機發吐丸，而蟾蜍銜之。振聲激揚，伺者因此覺知。雖一龍發機，而七首不動，尋其方面，乃知震之所在。驗之以事，合契若神。自書典所記，未之有也。」西元138年3月1日，「一龍機發而地不覺動，京師學者咸怪其無征，後數日驛至，果地震隴西，於是皆服其妙。自此以後，乃令史官記地動所從方起。」

張衡以後，一些數學家和天文學家曾複製和改進候風地動儀。例如北齊數學家信都芳著《器准》一書，詳細記載了古代各種科技儀器的發明創造，其中就記述了地動儀並附有插圖。《隋書・經籍志》中有《地動圖》一卷，很可能就是《器准》中的單行本。隋代天文學家臨孝恭的專著《地動銅經儀》，也是論述張衡地動儀的。不幸，由於至今仍不清楚的原因，這架國寶連同以後的有關記述均已失傳，而《後漢書》中有關地動儀的記載，則自19世紀以來不斷被譯成多種文字，流傳於世界各地。

四、古代中國的地震工程

在抵禦地震災害的實踐中，中國人積累了許多極為寶貴的經驗，這些經驗表現在工程選址、地基、結構以及材料等許多方面，在應急避震、易損

性，以及震後重建等方面也有不少詳細的記載，這些經驗直到今天仍然具有重要的參考價值。

在中國，經歷強震而不倒的古建築決非罕見。有些建築物修建的時間很早，雖經多次大震衝擊，卻只是被震裂，或者局部損壞的，而從未發生過倒塌。過去的人們沒有條件對這些奇跡做出科學的說明，所以流傳著不少迷信的說法。其實，現在看來，這些古建築之所以能經受住多次地震的襲擾，並不是因為它們處於某種神秘力量的庇護之下，而是由於它們結構合理、地基堅實、抗震性能良好的緣故。中國古代對重大工程，特別是那些與神和皇權有關的重大工程的選址是相當講究的，拋開那些神秘的東西不說，古代的風水先生其實就是最早的工程地質學家。山西洪洞縣廣勝寺飛虹塔，1695年地震時只損壞了金頂，這並不是因為塔址的「風水」好，因而受到了神仙的保佑，而是因為它恰好建在霍山腳下的石灰岩岩基上。

中國人很早就開始重視建築物的基礎，漢、唐遺址中的夯土台保留至今仍舊結實堅硬。山西應縣木塔高60余公尺，900多年來多次經歷破壞性地震，《應州志》記載「塔曆屢震，而屹然壁立。」除了結構上的抗震優點外，應縣木塔基礎的處理也是別具一格的。據推測，由於這個地區地下水淺，木塔的基礎採用椿基礎，其上再用石料砌成方形階基，階基高出地面1.5m左右後，改砌為八角形，兩層階基總高近4m。與塔高相比，木塔的基礎範圍並不大。測量表明，建塔初期的沉降是均勻沉降，而900多年來其基礎未見任何特殊變化，這表明木塔基礎的設計施工具有相當高的水準。

在結構設計方面，中國古建築甚至達到了爐火純青的境界。天津薊縣獨樂寺觀音閣始建於遼統和二年（西元984年），先後經受過28次地震，特別是1057年（固安63$\frac{3}{4}$級）、1624年（灤縣61$\frac{1}{4}$級）、1679年（三河平谷規模8）和1976年（唐山規模7.8）四次強烈地震的考驗，至今完好無損。建築學家梁思成曾為觀音閣的五架梁做過靜荷載、動荷載以及撓曲、剪切等應力

的計算，發現該閣梁架結構用材非常得當，「宛如曾經精密計算而造者」。由於觀音閣結構用材合理，結構本身，特別是上層梁架和層頂較輕，柱網佈置全局一體，榫卯結合嚴實而不死固，再加上地基堅實而勻稱，所以能經得住風暴和地震的衝擊而免受破壞。河北趙縣橫跨洨水的趙州橋至今已有1300多年的歷史，它獨特的拱洞式結構早已舉世聞名。1966年3月邢臺規模7.2地震，它距震央不到40km，受到這次強烈地震的襲擊後，大橋巋然不動，表現出良好的抗震性能。

　　材料的選擇對於提高建築的抗震性能具有重要的意義，這一點很早就為中國人所注意到了。在臺灣，有的城牆是用竹子和樹木等材料築成的，這一方面是由於取材方便，更重要的則是出於抗震的考慮。史書記載「以臺地沙土浮松，不時地動，故以樹為城。」趙州橋橋身選用的是大塊堅固的石料，又用鐵梁橫穿拱背以加強其整體性，應縣木塔的選材更具有其獨到之處。

　　中國平民階層的住宅，多是土房、磚房建築。深受地震之苦的人民在材料、砌築方法和結構佈局上積累了相當豐富的經驗。以土房為例，廣泛流傳的經驗就有體型要簡單整齊，隔牆佈置要密，門窗要小，土質黏性要大，土中摻麥秸和稻草以提高強度、砌土坯像砌磚一樣錯縫，土牆頂部加木圈梁，等等，這些處理大大地提高了房屋的抗震能力。

　　透過地震，人們還積累了許多應急避震的經驗。如，「大抵床幾之下，門戶之側，皆可賴以免」（乾隆《三河縣誌》），「卒然聞變，不可疾出，伏而待定，縱有覆巢，可冀完卵，力不辦者，預擇空隙之處，審趨避可也」（明《地震記》），等等。有些史料甚至對地震時最不安全的地方也做了記載。這些從大量的傷亡和破壞中總結出來的經驗教訓，對於今天的防震抗震仍有一定的參考意義。

五、古代中國的地震成因理論

中國人探討地震成因問題的歷史，至少可以追溯至周朝。《國語・卷第一》記載，「幽王二年，西周三川皆震。伯陽父曰：『周將亡矣！夫天地之氣，不失其序，若過其序，民亂之也。陽伏而不能出，陰迫而不能蒸，於是有地震。』」這就是著名的「陰陽說」。伯陽父指出，地震是由大自然中存在的「陰」、「陽」兩種對峙力量，通過「伏而不出」和「迫而不蒸」的相互矛盾鬥爭形式而引起的。這種看法代表了中國古人的一種典型的東方式的思辯方式。

在以後漫長的歷史中，對地震成因問題的探討進行了很多。不過，很少能見到超出伯陽父「陰陽說」的思路，在某些方面甚至越搞越糟，例如，很多人，包括張衡、包拯、王安石等，不止一次地把地震與人事國政牽強地聯繫起來。造成這種狀況的原因之一是，離開了具體的地震資料的思辯只能是思辯，而這種思辯是很難繼續向前發展的。

比較一下古希臘「氣動說」，古代中國的「陰陽說」則帶有鮮明的東方特色。在「氣動說」中，一定要引入具體的機械過程，講求實證，接近現在的科研方式，所以古希臘的文明才會那樣繁榮。而在「陰陽說」中，多體現出哲學含義，「天地人合一」的觀點使中國人把地震與其他自然現象（乃至社會變動）「自然地」聯繫在一起，作為一個有機的整體進行研究，這就大大地豐富了對地震前兆和次生災害的認識。對於經典物理學所涉及的簡單體系，實證的處理顯然更嚴格、更有用，而對於生物科學和地球科學中的複雜系統，東方的有機自然觀和辯證的方法可能更優越。近年來，隨著系統科學研究的深入，這些古老的思想在被埋沒了近千年以後，正被科學家重新「發掘」出來，日益受到人們的重視。

但是，古代中國的地震成因學說也有其致命的短處：一是，對地震成因的探討與政治的關係過於密切。《詩經・小雅・十月之交》中「燁燁震

電，不寧不令。百川沸騰，山塚崒崩。高岸爲谷，深谷爲陵」的詩句所記述的到底是一個典型的毀滅性的大地震還是政治動亂，至今仍有爭議；西周大震後，伯陽父明確地提出了「周將亡」的問題。康熙年間，中國大陸地震接連爲害，甚至危及北京。1679年9月2日，三河平谷一帶發生規模8大震，震央距北京不遠、震壞了皇宮和北海的白塔。康熙大駭，遂「率諸王、文武官員詣天壇祈禱。」康熙當然知道當時甚爲流行的「天誡說」，而且他也清楚在如此連連地震的形勢下，「天誡說」不利於他的統治。至於天王洪秀全的「地轉實爲新地兆，天旋永立新天朝」就更不用說了。陽嘉二年四月乙亥（西元133年6月19日），洛陽地震，張衡應詔作對策說：「臣聞政善則休祥降，政惡則咎征見……明者消禍於未萌，今既見矣。修政恐懼，則轉禍爲福矣。」對於作爲科學家的張衡來說，這些荒謬的解釋也許根本就沒有必要，但這件事至少反映了封建時代權力對科學桎梏的程度。二是，這些解釋好像僅僅是「解釋」而已，雖然文筆所至，順理成章，但牽強附會者有之、模棱兩可者有之、自相矛盾者亦有之，它們沒有，似乎也不打算給出具體的科學推論，以對原來的想法進行核對總和改進。注意到這些，對於理解爲什麼古代中國光輝燦爛的地震學沒有順理成章地進化爲近代地震學，可能是有啓發意義的。這也可以進一步理解爲什麼中國的四大發明沒有導致近代中國的科學技術領先世界的因由。

■ 第五節　地震學發展簡史

19世紀和20世紀之交是地震學的創業年代，其作爲一門獨立的學科登上現代科學的舞臺，地震儀出現並且廣泛使用。地震學是一門相對年輕的科學，其定量研究只有100年左右的時間。正如上節所述，早期關於地震成因的說法幾乎都是迷信的。19世紀初期，柯西（Cauchy）、泊松（Poisson）、斯托克斯（Stokes），雷利（Rayleigh）等開始研究彈性波傳播理論，而且總結出在固體介質中可能預期的波型爲壓縮波（P波）和剪切波（S波），以及沿自由表面傳播的（表）面波。

1857年的那不勒斯地震引起愛爾蘭工程師羅伯特馬萊（Robert Mallet）的興趣，他研究此次地震所造成的破壞。他提出建立觀測站來監視地震和用人工震源實驗來測量地震波速度，其工作使其成爲觀測地震學方面的奠基人。

早期的地震儀器設備沒有連續的時間記錄，1875年在義大利研製了第一台有時間記錄的地震儀。1892年，當時訪日的英國工程師約翰・米爾（John Milne）和詹姆斯・尤因（James Ewing）、湯瑪斯・格雷（Thomas Gray）一起研製出記錄地震動隨時間變化的品質較高的地震儀器。在1897年加州的裏克天文臺內由加利福尼亞大學建立和管理的北美第一座地震臺上安裝的就是這種地震儀。它後來記錄到1906年的舊金山地震。第一個遠距離的地震記錄或遠震觀測是1889年在Potsdam記錄的日本地震。這些早期的儀器是無阻尼的，只能提供振動開始後短時間的地面運動的精確估計。1898年，維歇特（E. Wiechert）研製了第一台有粘滯阻尼的地震計，可提供在整個地震持續時間裏有用的記錄。1900年初，俄國的伽利津王子（B. B. Galitzen）研製了第一台電磁式地震儀，運動的擺使線圈產生電流。同早期的純機械式的儀器相比，電磁式地震儀有許多優點，因此現代所有地震儀都是電磁式的。

最爲人們接受的地震成因的解釋是彈性回跳理論，即斷層說。這一理論基於岩石的彈性變形機制：岩石體積或形狀受力後發生的可逆變化，即當應力消失後，已發生變形的物質將恢復其原來的大小和形狀。這一理論是美國地震學家里德（H. F. Reid）於1910年提出的。1931年，日本學者提出岩漿衝擊說，該學說認爲，地震是由岩漿以巨大的能量擠壓和衝擊圍岩並使圍岩破壞而產生的。1963年，紐西蘭學者提出地震成因的相變理論。該學說認爲，處於高溫、高壓條件下的深部物質能從一種結晶狀態突然轉變爲另一種結晶

狀態，在此過程中伴隨著體積的變化，從而使圍岩受到快速壓縮或快速拉張而產生地震。岩漿衝擊說和相變說沒有得到進一步的論證和廣泛應用。

　　20世紀初是一個地球內部結構大發現的時代。隨著科學的發展，人們從火山噴發出來的物質中瞭解到地球的內部的物理性質和化學組成，同時利用地震波揭示了地球內部的許多秘密。1900年，奧爾德姆（Richard Oldham）在地震記錄圖上識別出P波、S波和（表）面波，1906年，他根據震源—接收器的距離約超過100度時沒有直達的P波、S波的觀測事實，發現了地核的存在。1910年，前南斯拉夫地震學家莫霍洛維奇契（Andrija Mohorovicic）意外地發現，地震波在傳到地下50km處有折射現象發生。他認為，這個發生折射的地帶，就是地殼和地殼下面不同物質的分介面。1914年，德國地震學家古登堡（Beno Gutenberg）發現，在地下2900km深處，存在著另一個不同物質的分介面。後來，人們為了紀念他們，就將兩個面分別命名為「莫霍面」和「古登堡面」並根據這兩個面把地球分為地殼、地函和地核三個圈層。1936年，萊曼（Inge Lehmann）發現了固體內核。1940年，傑佛瑞斯（Harold Jeffreys）和布倫（K. E. Bullen）公佈了他們的有大量震相的走時表的最終版本。這個走時表直到今天還在使用著，其中所列出的時間與現代模型僅差幾秒而已。

　　20世紀60～70年代的地震學發展很快，人類對地球自由振盪的認識是從理論研究開始的。學者研究了完全彈性固體球的振動問題，儘管理論工作延續多年，但只是在20世紀，地震學的發展使人類對地球內部構造的認識更加清楚以後，理論模式才比較接近真實地球。1952年11月4日堪察加大地震時，美國貝尼奧夫（H.Benioff）首次在他自己設計製作的應變地震儀上發現週期約為57分鐘的長週期振動。1960年5月22日智利大地震時，貝尼奧夫和其他幾個研究集體都觀測到多種頻率的諧振振型。地球長週期自由振盪的真實性遂被最後證實。

　　震源物理的研究在20世紀60年代後，情況有了明顯的變化。接連幾次較

大地震都發生在人口稠密和工業集中地區，造成嚴重的傷亡和破壞。另外，國際上地函計畫的完成，板塊大地構造學說的提出和測震技術的發展，對震源物理研究的發展起了推動作用。從內容來看，可以將對震源的研究分成三個方面：震源的運動學研究，動力學研究和物理學研究（即地震模式的研究）。

1923年中野廣首先發現地面初動的象限分佈。1938年拜爾利（P. Byer-ly）第一次提出震源斷層面解的方法。從此以後，震源的運動學研究有了迅速的發展。震源的位錯理論是蘇聯學者提出的，以後得到普遍發展。震源位錯理論認為，可以由震源斷裂面上各點位錯隨時間變化的情況，計算出地震時地球介質的運動情況，從而去解釋觀測到的地震記錄。反過來，也可以由遠場或近場的地震記錄去瞭解地震時震源處的運動情況。

新的地震成因理論以及大陸漂移、海底擴張、板塊構造得以逐漸發展。地震預報也應運而生，地震預報是對未來破壞性地震發生的時間、地點和規模及地震影響的預測，預報分長期預報、中期預報、短期預報和臨震預報。

地震已經成為探測地球內部構造和動力學的關鍵手段之一，地震學是探測地球內部的最有效的深部探測器。近年來，通過地震波可以探測出地球內部岩石密度和剛度變化小到10%的變化。這些新研究進展大多依靠層析成像方法，這一方法原來在醫療中常用，要採用大記憶、高速電腦去探求遙測圖像。利用地震波分析，首先必須瞭解地震波動的性質。穿過地球岩石傳播的地震波具有相當的複雜性，是常見的聲波、無線電波或光波所沒有的。然而正是地震波攜帶著沿途的地質和構造變化的資訊。地震學家越來越熟練地從日益靈敏的地震儀記錄的地震波圖像中提取這種資訊。

第一個廣泛用來測量地震大小的是1935年里查德（Charles Richter）對南加利福尼亞地震提出的規模標度。因為芮氏規模的標度是對數，所以小量程的芮氏規模可以描述地震大小的變化。在地表容易有感的最小地震為規模3左右，而像1906年舊金山這樣的規模8或規模8以上的大地震就不能用芮氏

規模了。為適用於不同類型的地震觀測，現在根據芮氏規模的思想提出了若干不同的規模標度。然而，多數這樣的標度是經驗性的，沒有直接與震源的性質相聯繫。1966年安藝敬一（Keiti Aki）提出了物理基礎更明確的地震大小的度量，即地震矩。

近幾十年，地震學家在地震活動區部署了大量的地震站網，並利用電腦快速處理資料，使得地震學的理論和實驗研究工作更加深入地開展起來。得到了大震附近的不限幅的記錄，已經能夠獲得大地震發生時，斷層滑動分佈的時空進程圖。儘管取得了這些進展，但有關地震性質的許多基本問題，包括深震的成因，地殼斷層破裂的起始、傳播和最後停止的具體過程仍然很不清楚。這些或許是地震學方面有待今後去揭示的最重要的領域。

中國用現代科學方法來研究地震起步較晚。1920年甘肅大地震之後10年，才在北京鷲峰和南京北極閣建立了兩個地震站。中華人民共和國成立之後，由於基本建設的需要，地震學得到長足的發展。為了提供建設場地的地震震度，中國科學院在1953年成立了地震工作委員會，組織歷史學家和地震工作者整理了中國3000多年的地震歷史資料，於1956年出版了兩卷《中國地震資料年表》。這是世界上最長的地震年表。同年，中國科學院地球物理研究所完成了第一幅中國地震區劃圖。此外，地震研究工作走上了穩步發展的階段，但規模還不大。1966年3月，河北邢臺發生了災害性的大地震，損失巨大。為了統一地震工作的部署和加強領導，1971年成立了國家地震局，系統地開展地震的預測和預防工作，將地震工作提高到一個新的水準。

21世紀進入資訊時代，經過幾代人的努力，中國的地震學研究水準飛速提升，諸多領域已經接近世界水準，某些甚至領先。目前，在地震學界，全球已逐步形成中美日三足鼎立的局面。

思考題

1. 全世界哪個國家的古代地震資料最豐富？

2. 解釋日本諺語：「當地震來臨時，逃向竹林」的原由。

3. 爲什麼古代人把地震歸因爲動物活動而且不同國家地區指的動物不同？

第二章

地震波

■第一節　波的性質簡述

機械振動在介質中傳播就形成機械波，其產生條件：①有做機械振動的物體作爲波源；②有能傳播機械振動的介質。

我們在日常生活中比較熟悉的波是水波，或者確切地說，是在水面上傳播的「重力波」。經常接觸的波還有很多，比如空氣中的聲波是我們進行溝通的主要工具之一，它傳播的速度大約是每秒340m。其實光也是一種波，一種電磁波，光波的波長很小，只有零點幾微米，所以，我們感覺不到光是一種波動，我們只知道光線。歷史上，光的波動說和微粒說爭論了很長時間，這是大家都知道的事實。

波動有三個特徵參數，一個是波速v，一個是波長λ，另一個是週期T或頻率f。

$$v = \frac{\lambda}{T} = \lambda f \qquad\qquad (2.1)$$

我們見到的波動很少是單頻率的，它們通常是不同頻率波動的混合。這時，我們可以把它分解成不同頻率的波來進行分析，比如，透過三稜鏡，可以把一束白光分解成赤、橙、黃、綠、藍、靛、紫等不同顏色的光。在數位化記錄和電腦出現以後，我們更經常地是用頻譜分析的方法來進行這種分解，這種分解的結果就是波譜。

在更多的情況下，儘管一種特定的波並不是單一頻率的，在這種波的波譜中卻有一個或幾個起主要作用的優勢頻率。對於光波來說，不同的優勢頻率決定了不同的顏色，而對於聲波來說，不同的優勢頻率決定了不同的音調。當涉及頻率或週期的時候，我們指的一般都是這種優勢頻率或優勢週期。

一般說來，我們可以用波前來描述波的傳播。在高頻近似的情況下，我

們也可以使用波射線來描述波的傳播。這種情況與在光學中所見到的情形是相似的：我們可以使用光線來描述光波的傳播，光線不僅能描述光的傳播，而且還可以很好地描述光在不同介質的分介面上的反射和折射。但是，如果涉及光波的干涉、散射和衍散，那麼光線的概念就不再適用，我們還得回到光波的概念。

■第二節　地震波

　　地震波是一種由地震震源發出，在地球內部傳播的波。迄今為止，人們對地球內部的認識主要來自地震學，因為人們不能直接到達地球內部，只能靠地震激發的地震波來研究它。

　　當地震發生時，從震源輻射出各種類型的波，有些波通過地球內部傳播，有些沿著表面傳播。從這些波的走時、頻率和振幅特性或頻散性質，可以確定地球內部的波速和深度的關係。在波傳播過程中，在一些介面要發生反射和折射，於是，這些介面的位置和性質就可以借助於這些波的特性加以確定。地震站記錄到的地震波的性質還可以用來推斷震源的參數和震源機制，並進一步瞭解產生這種機制的應力狀況。如果地震相當大，地球作為一個整體可以被激發起各種振型的振盪，研究地球的振盪可以瞭解地球內部的性質。

一、彈性介質及彈性常量

1.彈性介質

　　提到地球介質的均勻和連續時，我們會想到岩石或地層的連續性並不好，而且岩石的化學成分和物理性質也常有變化。但是，我們所討論的地震波，其波長一般大於數百公尺以至數公里，因此地球介質通常可以認為是均勻和連續的。

地球表層的岩石，其晶體具有一定的方向性，但是如果所討論的問題是與大範圍的地球介質有關，在大範圍內，岩石中晶體的排列方向是任意的，沒有一個主要方向，因而可視為各向同性的。

對一物體施加一定的外力，物體產生形變；當外力消失後，如果物體立刻恢復其原來狀態，這種物體稱為完全彈性體；不然，則稱為非彈性體。物體是否彈性體與所施外力的性質（大小、延續性、變化快慢等）以及外界的環境（溫度、壓力）有關。當外力很小且作用時間很短時，大部分物體接近於完全彈性體；反之，在很大的作用力或力的持續時間很長時，顯示為塑性，甚至破碎。對於天然地震和人工爆破，除了在震源或人工振動源附近外，介質所受的力一般都是很小的，而且延續的時間很短，因此通常可以視介質為完全彈性體。

2. 彈性常量

岩石的彈性性質可用某些彈性常數來表述，這些常數表徵不同類型的應力和應變的關係。所謂應力，系指介質內部與彈性形變有聯繫的在單位面積上的相互作用力。所謂應變，則是應力所引起形變的一種量度。在彈性限度內，應變和應力成正比，即虎克定律。應變有三種類型：線應變、體應變和切應變。

(1) 楊氏模量（E）

線上應變（純伸長或純壓縮）情況下，應力與應變滿足：

$$\frac{F}{S} = E\frac{\Delta L}{L} \tag{2.2}$$

式中，ΔL是縱向應力引起的長度變化，E為楊氏模量。

(2) 泊松比（v）

當樣品受到縱向拉力，在縱向發生伸長的同時，在橫向上也必然發生

相應的縮短，反之，縱向壓縮，必伴隨橫向的擴張。設樣品的橫截面線度爲 d，其變化量爲Δd，則橫向線度的相對變化率$\Delta d/d$與縱向長度的相對變化率 $\Delta L/L$之比爲常數，此常數即爲泊松比，即

$$\nu = -\frac{\Delta d/d}{\Delta L/L} \tag{2.3}$$

式中，ν稱爲泊松比。實驗表明，對於一切介質，ν介於0到1/2之間，金屬介 於1/4到1/3之間。對於地球介質，常取1/4表示地函的大部分，對於地球外核 （液態）取爲1/2。式中的負號表明Δd與ΔL變化方向相反。

(3) 體變模量（K）

在地球介質中，最常見的是液體靜壓力，即各個方向都受到壓力，且大 小相等。體變模量則表示在這種情況下應力與應變的比值，即

$$\frac{F}{S} = -K\frac{\Delta V}{V} \tag{2.4}$$

式中，K稱爲體變模量，ΔV是靜壓力引起的體積變化量。

(4) 切變模量（μ）

在單純發生剪切應力（力的方向與受力面平行）時，應力與應變的比值 稱爲切變模量。切應變時不發生體積變化，僅發生形狀變化。可以表示成：

$$\mu = \frac{F/S}{\varphi} \tag{2.5}$$

式中，φ是在切變情況下的偏轉角度，μ爲切變模量，或叫剛性係數。

上述的E、K、μ、ν四個彈性常數是由物質本身性質決定的。在這四個 彈性常數中，只有兩個是獨立的，滿足：

$$K = \frac{E}{3(1-2\nu)}, \quad \mu = \frac{E}{2(1+\nu)}, \quad E = \frac{9K\mu}{3K+\mu}, \quad \nu = \frac{3K-2\mu}{6K+2\mu}.$$

二、波動方程

在沒有外力作用時，彈性介質的位移場u應滿足方程

$$\rho\,\frac{\partial^2 \boldsymbol{u}}{\partial t} = (\lambda+\mu)\Delta(\Delta\cdot u) + \mu\Delta 2u, \tag{2.6}$$

式中，λ也是一個彈性常數，稱爲拉梅常數，滿足：

$$\lambda = \frac{\nu E}{(1+\nu)(1-2\nu)}$$

對（2.6）式求散度，得

$$\rho\,\frac{\partial^2 \theta}{\partial t^2} = (\lambda + 2\mu)\,\nabla^2 \theta, \tag{2.7}$$

其中

$$\Delta \cdot \mathrm{u} = \theta. \tag{2.8}$$

方程（2.7）表示一種波動，其速度爲v_P。顯然，

$$v_\mathrm{P} = \sqrt{\frac{\lambda+2\mu}{\rho}} = \sqrt{\frac{K+\frac{4}{3}\mu}{\rho}}, \tag{2.9}$$

根據θ的定義，這種波的質點振動方向與傳播方向一致，稱爲縱波；v_P

稱爲縱波速度。對（2.6）式求旋度，得

$$\rho \frac{\partial^2 \boldsymbol{\omega}}{\partial t^2} = \mu \nabla^2 \boldsymbol{\omega}, \tag{2.10}$$

其中

$$\omega = \Delta \times u \tag{2.11}$$

方程（2.10）表示一種波動，其速度爲v_s。顯然，

$$v_s = \sqrt{\mu / \rho}. \tag{2.12}$$

根據ω的定義，這種波的質點振動方向與傳播方向垂直，稱爲橫波；v_s爲橫波速度。

綜上所述，在無限的、均勻的、連續的和各向同性的介質中，距離振動源足夠遠時，可以產生兩種不同類型的波，一種稱爲縱波，另一種稱爲橫波。縱波是由於體膨脹所產生的，介質中質點運動的方向與傳播的方向相同。橫波是由旋轉所產生的，質點運動的方向與傳播的方向相垂直。地震學中通常稱縱波爲P波（primary wave），因爲它最先到達記錄台站，橫波爲S波（secondary wave），因爲這種波在地震記錄圖上常常是第二個達到的較爲明顯的震相。

自（2.9）和（2.12）式可知，縱波和橫波的速度取決定於介質的彈性常數和密度。因爲地球內部的強大壓力，岩石的密度隨深度增大。由於密度在P波和S波速度公式中的分母項上，表面看來，波速度應隨其在地球的深度增加而減小。然而體積模量和剪切模量隨深度而增加，而且比岩石密度增加得更快（但當岩石熔融接近液體時，其剪切模量下降至0）。因此，在我們

的地球內部P和S地震波速一般是隨深度而增加的。雖然某一給定岩石彈性模量是常數，但在一些地質環境裏岩石不同方向上的性質可以顯著變化。這種情況叫各向異性，此時，P波和S波向不同方位傳播時具有不同速度。通過這種各向異性性質的探測，可以提供有關地球內部地質狀況的資訊，這是目前廣泛研究的問題。但在以後的討論中將限制在各向同性的情況，絕大多數地震波傳播屬於這種情況。

因為$v_S < v_P$，所以在同一地點接收時，縱波總是比橫波先到，這是因為流體的剪切模量是0，剪切波在水中的速度為0，因為兩個彈性模量總是正的，所以P波比S波傳播得快。

如果切變模量$\mu = 0$，則橫波速度$v_S = 0$。這說明在切變模量為零的介質（液體）中，橫波不能通過。地球的外核由於沒有橫波通過，應當屬於液態性質。

縱波和橫波都是在整個體積內傳播的波，通常稱為體波，以區別於和介面存在有關的（表）面波或導波。

很多固體，特別是地表附近的岩石，它的泊松比v接近於1/4。這時$\lambda = \mu$，於是有$v_P = \sqrt{3}\,v_S$，這種關係式稱為泊松關係式，滿足此關係式的介質稱為泊松介質。

■第三節　地震波的類型

在無限、各向同性的均勻彈性介質中，僅有兩種類型的彈性波傳播，即縱波和橫波。但是在半無限、各向同性的均勻彈性介質或成層介質中，有可能出現一種彈性波，這種波的特點是：擾動的幅度隨著離開介面距離的增加而迅速衰減，或者說，擾動只局限於介面附近。所以，通常稱這種波為（表）面波。由於地球具有邊界和內部分層構造，地震波不僅有縱波和橫波，還有（表）面波和地球自由振盪。

1. 體波

體波是指可以在地球內部三維空間中向任何方向傳播的波，包括P波和S波。彈性波的傳播，實際是介質中彈性形變的傳播，任何複雜的彈性應變都可分解爲兩種基本應變——體變和切變來表示，與體變相應的爲縱波，與切變相應的爲橫波。其傳播性質見圖2.1。

體波（P波和S波）可以穿透地球內部，在結構面上發生反射、折射、轉換、繞射等現象，所以可以得到地球內部的細結構。S波可以分解成兩個分量，S波平行於介面的位移分量爲SH波，S波在入射線和介面法線構成的平面上（稱爲入射面）的位移分量爲SV波，見圖2.2。

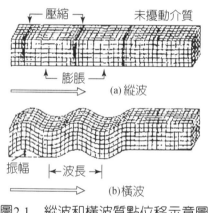

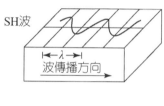

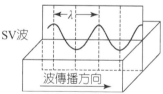

圖2.1　縱波和橫波質點位移示意圖　　　圖2.2　SH波、SV波的傳播特徵

P波和S波是地震記錄圖上十分顯著的兩個體波震相。P波和S波的主要差異總結如下：

(1) P波的傳播速度比S波快，地震記錄圖上總是先出現P波。

(2) P波和S波的質點振動（偏振）方向相互垂直。

(3) 一般情況下，三分量地震記錄圖上P波的垂直分量相對較強，S波的水準分量相對較強。

(4) S波的低頻成分比P波豐富。

(5) 天然地震的震源破裂通常以剪切破裂和剪切錯動為主，震源向外輻射的S波的能量比P波的強。

(6) P波通過時，質元無轉動運動，而有體積變化，P波是一種無旋波。S波通過時，質元有轉動，而無體積變化，S波是一種無散的等容波。

2. （表）面波

　　（表）面波是指沿地球表面傳播的，在與介面相垂直的方向上，波動的振幅急劇衰減。主要分為雷利波（Rayleigh wave）和洛夫波（Love wave）。它們的區別也在於傳播所在的介質質點振動方式不同。如圖2.3所示，雷利波介質質點既有垂直向振動，又有水準向振動，質點運動軌跡為一個逆進的橢圓。洛夫波只有水準方向的振動，也屬於橫波。雷利波存在於地球表面之下，是1885年英國物理學家雷利（J. W. S. Rayleigh）首先在理論上導出，以後在地震記錄（又叫地震記錄圖）中得到證實。這種波的振幅在地面最大，隨著深度而指數縮減。洛夫波是1911年英國力學家洛夫（A. E. H. Love）首先提出的。這種波發生時，介質至少要有兩層，上層中的v_s要小於下層中的v_s。（表）面波存在於分介面之下，傳播速度介於上下層兩個橫波速度之間。在地震記錄上，（表）面波的振幅一般比體波大。原因之一是：體波是在三維中傳播，而（表）面波的能量大部分集中於地面附近，近似於二維傳播的，所以體波位移隨距離的遞減率要比（表）面波快。在離開震源一定距離後，地震記錄上的（表）面波就比較顯著了。由於（表）面波的能量被捕獲在表面才能沿著或近地表傳播，否則這些波將被向下反射進入地球，在地表只有短暫的生命。這些波類似在倫敦的聖保羅大教堂「耳語長廊」或中國天壇回音壁的牆面上捕獲的聲波，只有耳朵靠近牆面時才能聽到從對面牆上傳來的低語。洛夫波和雷利波的速度總比P波小，與S波的速度相等或小一些。

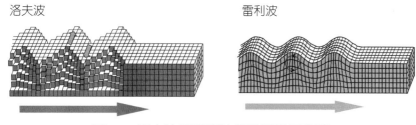

洛夫波　　　　　　　　　　雷利波

圖2.3　洛夫波和雷利波質點運動示意圖

　　在成層的或速度隨深度變化的介質中，雷利波和洛夫波的速度會隨頻率的不同而不同，這種速度與頻率的關係曲線叫做頻散曲線。在記錄中看到的（表）面波是一組波列，隨著到時的先後（速度不同），各相位的週期逐漸改變。週期愈大速度亦愈大時，稱為正頻散；反之，稱為反頻散。頻散曲線的意義在於它的形狀和地下岩石的成層結構和各層中的體波速度有關係。如果能在地面上測得各種頻率的雷利波或洛夫波的傳播速度，就可以對地下的成層結構做出推斷。不同週期的（表）面波，其滲透深度不同；週期愈大的波，其滲透深度愈大。因此利用頻散曲線也可以求得地球內部速度隨深度的變化。

　　自由表面雷利波的傳播速度為（取 $\sigma = 1/4$）$v_R = 0.9194v_S$。洛夫波和SH波相似，它是在層狀介質覆蓋於較高速度的半空間時產生的。因此在記錄中，有可能把洛夫波和雷利波分開。另外，洛夫波質點振動只有水平向，因此Z方向無洛夫波，並且Z方向S波能量也較小。雖然洛夫波不包括垂直地面運動的波，但它們在地震央可以成為最具破壞性的，因為它們常具有很大振幅，能在建築物地基之下造成水準剪切。

　　在半無限的均勻介質中，不產生洛夫波，而且它所產生的雷利波沒有頻散。地震記錄中出現洛夫波以及有頻散的雷利波，則說明地下的介質是不均勻的或是成層的。

3. 地球自由振盪

一個機械系統，因受外力作用破壞其平衡狀態；在取去外力後，該系統產生振動。這種振動稱爲自由振盪。大地震也能使整個地球振盪起來，稱爲地球自由振盪。地球整體振盪不同於體波和（表）面波：體波和（表）面波是行波，即在任意給定時刻內發生運動的只是地球的一部分，隨著時間在行進；振盪是駐波，即在任意給定時刻內發生運動的不是地球的一部分，而是地球的整體。它們只隨時間變化，而不隨時間行進。另一個重要區別是，體波和（表）面波的各種諧量都是短週期（從百分之一秒至幾十秒），而地球振盪的各種諧量成分大都是長週期（從幾分鐘到幾小時，或者更長）。當然，地球振盪和體波、（表）面波在本質上是一致的，都是以波動形式傳輸能量，其中，地球振盪中的高階成分就是地震（表）面波。

地球自由振盪的發現，以及用它研究地球內部構造和震源機制，是20世紀60年代初期地球物理學界的一件大事。

地球的自由振盪可以看成是由許多獨立的諧和運動即所謂「振型」（mode）的疊加。不同振型的頻率決定於地球內部的特性，它們與震源的條件無關；而每個特定頻率的能量則與震源條件以及介質的特性有關。

球體的自由振盪可以分爲兩類：一類稱爲球型振盪（即S振型，spheroidal mode），另一類稱爲扭轉型振盪（即T振型，torsional mode）或環型振盪（toroidal mode）。在T振型中，球體每一質點只能在球面上作前後振動；而在S振型中，不僅包含前後振動，同時包含徑向振動。因此T振型的性質類似於洛夫（表）面波，而S振型的性質類似於雷利（表）面波。圖2.4是地球自由振盪中幾種最簡單的振型。

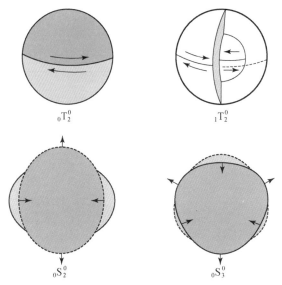

圖2.4 地球自由振盪變形示意圖

（取自Bullen & Bolt,1985）

在重力儀和垂向長週期地震儀的記錄中，由於它們只反映沿徑向的位移，所以只能記錄球振型，不能記錄扭振型。水平地震儀和應變儀可以同時記錄球振型和扭振型。表2.1是實際觀測中的一些地球自由振盪的振型和所對應的週期。

表2.1 地球自由振盪的觀測值

類型	週期（秒）	類型	週期（秒）
$_0S_0$	1227.7	$_0T_2$	2636.4
$_0S_2$	3233.3	$_0T_3$	1702.5
$_0S_3$	2133.6	$_0T_4$	1303.6
$_0S_4$	1545.6	$_0T_5$	1075.2

類型	週期（秒）	類型	週期（秒）
$_0S_5$	1190.1	$_0T_6$	925.4
$_1S_0$	613.6	$_1T_2$	756.6
$_1S_2$	1470.8	$_1T_3$	685.2
$_1S_3$	1064.0	$_1T_4$	630.0

4. 脈動

實際地震記錄中，除了地震產生的振動之外，記錄顯示並不是一條直線，而會有一些背景雜訊或脈動。過去一般認為這些背景雜訊都是沒有用的，而且會影響地震信號，但是最近的研究表明，這種脈動或背景雜訊也從某種程度上反映了地球內部構造的資訊，因此也可以被用來探究地球內部構造。有興趣的讀者可以查閱相關資料。

脈動或背景雜訊是指地球固體地殼的微小的彈性波運動。這種振動的來源有很多：有風的影響和人類活動的影響，這都限於高頻；最重要的源來自於海岸效應和氣旋效應。海岸理論和氣旋理論最初是兩個對立的理論。海岸理論解釋脈動的原因是海浪對海岸的拍打，由於潮汐的週期性，脈動也顯示出一定的週期性。氣旋理論則把脈動解釋為深層水上的氣旋造成的。英國海洋學家朗格特-希金斯（M. S. Longuet-Higgins）在1950年發展的一項理論將這兩個理論統一起來了。根據這項理論，脈動取決於駐海波的壓力變化。按相反方向傳播的兩個波列的干涉會產生駐海波，例如在海洋風暴中心周圍或對陡岸的反射。但是問題還遠未能解決，同解釋地震記錄相比，解釋脈動的困難在於脈動源的種類繁多以及時空分佈的複雜性。目前觀測到的脈動週期分佈在一到幾十秒上，主要都由雷利波和洛夫波組成。

▌第四節　地震波的波序

　　由於不同地震波類型的傳播速度不同，它們到達時間也就不同，從而形成一組序列，它解釋了地震時地面開始搖晃後我們經歷的感覺。記錄儀器則可以讓我們實際看到地面運動的狀態，如圖2.5所示。從震源首先到達某地的第一波是P波。它們一般以陡傾角出射地面，因此造成鉛垂方向的地面運動，垂直搖動一般比水平搖晃容易經受住，因此一般它們不是最具破壞性的波。因為S波的傳播速度約為P波的一半，相對強的S波稍晚才到達。它包括SH和SV波動：前者在水平平面上，後者在垂直平面上振動。S波比P波持續時間長些。地震主要通過P波的作用使建築物上下顛動，通過S波的作用側向晃動。

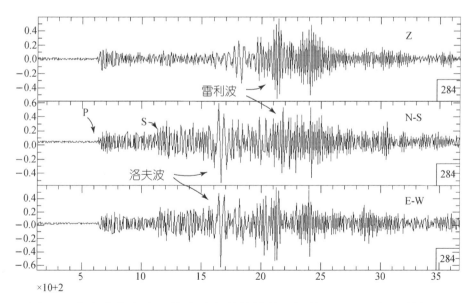

圖2.5　北京大學在山西的臨時台站的地震記錄的三分量及相關震相圖

正好是S波之後或與S波同時，洛夫波開始到達。地面開始垂直於波動傳播方向橫向搖動。儘管目擊者往往聲稱根據搖動方向可以判定震源方向，但洛夫波使得憑地面搖動的感覺判斷震源方向發生困難。下一個是橫過地球表面傳播的雷利波，它使地面在縱向和垂直方向都產生搖動。這些波可能持續許多旋回，引起大地震時熟知的描述為「搖滾運動」。因為它們隨著距離衰減的速率比P波或S波慢，在距震源距離大時感知的或長時間記錄下來的主要是（表）面波。圖2.5所示的地震記錄，洛夫波和雷利波比P波和S波持續的時間長5倍多。

地震記錄圖的（表）面波波列之後的部分，稱為地震尾波。地震波的尾部事實上包含著沿散射的路徑穿過複雜岩石構造的P波、S波、洛夫波和雷利波的混合波。尾波中繼續的波動旋回對於建築物的破壞可能起到落井下石的作用，促使已被早期到達的較強S波削弱的建築物倒塌。

（表）面波擴展成為長長的尾波是波的頻散一例。各種類型的波通過物理性質或尺度變化的介質時都會發生這一效應。細看水塘中的水波顯示，具短波長的波紋傳播在較長波長的波紋前面。波峰的速度不是常數而取決於波的波長。當一塊石頭打到水中之後，隨時間的發展，原來的波開始按波長不同被區分開來，後來較短的波脊和波槽越來越傳播到長波的前面，地震（表）面波傳播中也有類似現象。

不同地震波的波長變化很大，長至數公里，短至幾十公尺，這樣地震波很可能發生頻散。既然為（表）面波，絕大部分波的能量被捕獲在近地表處，到一定深度後岩石實際已不受（表）面波傳過的影響，這一深度取決於波長，波長越長，波動穿入地球越深。一般地講，地球中的岩石越深，穿行其中的地震波速越快，所以長週期（長波長）（表）面波一般比短週期（短波長）的傳播快些。這種波速度的差異，使（表）面波發生頻散，拉開成長長的波列。

　　我們還需要理解波的另一種性質，才能完成對地震波運動奇妙世界的全部瞭解，這就是波的衍射（繞射）現象。當一列水波遇到一障礙，如一突出水面的垂直管子，波能的大部分能量反射走了，但有些波將繞著管子進入陰影，因而管子後面的水並不完全平靜。事實上所有類型的波的衍射——無論是水、聲或地震波都引起它們從直線路徑偏移，暗淡地「照亮」障礙物後面的區域。

　　理論和觀察一致得出：長波比較短的波向平靜帶偏折更多。就是說，像頻散一樣繞射是波長的函數。對地質解釋最重要的一點是P波和S波及（表）面波沒有被異常的岩石包體完全阻止，一些地震能量繞過地質構造繞射，另一些通過它們折射。

思考題

1. 如果地震發生在正下方，我們先感覺豎直顛動或是水準晃動？說明理由。

2. 船上是否可以檢測到海底發生的地震？爲什麼？

3. P波和S波是地震記錄圖上十分顯著的兩個體波震相。試述P波和S波的主要差異。

第三章

地震波傳播理論

▉第一節　地震波傳播的基本概念

　　地震波的概念地震發生時，大部分能量會以波動的形式向四周圍傳播，這種波動就叫做地震波（seismic wave）。地震波分爲橫波和縱波。而我們常見的波動，例如：在空氣中傳播的聲波只有縱波成分，而光波爲橫波。這主要是因爲地震波是在固體中傳播的，機制相對要複雜得多。在計算上地震波和光波、聲波有些相似之處。波動光學在短波的情況下可以過渡到幾何光學，從而簡化了計算。同樣地，在一定條件下地震波的概念可以用地震射線來代替而形成了幾何地震學。

一、地球介質和彈性波

　　地震波既然是地下傳播的震動，它的特徵必然與岩石的物理性質有關係，特別是岩石的彈性。計算時，一般都假定岩石是一種完全彈性體。這看來似乎與事實不完全符合，因爲不但地表的土壤與彈性體相差很遠，就是有些岩石（如頁岩）也不是彈性體。不過地震波所經過的途徑主要在地下深處，有時甚至到地核，因此幾公里厚的表層的影響不大。地震波的傳播速度很大，它所施加于岩石的應力是短暫的，能量的消失也是很小的。這樣，岩石的完全彈性便是一個可以允許的假設。

　　岩石是由結晶的顆粒組成的，晶軸的取向一般是雜亂無章的。地震波長的尺度比晶粒的尺度要大得多，所以岩石晶粒的方向性和細微的物性差別對地震波的影響不大，也就是說地震波以不同方向通過地下某一點的速度相同。在一般的地震波計算中，地球介質可以作爲各向同性的完全彈性體來對待。但在一些特殊條件下，如地函物質的緩慢流動，使得地函中的晶體定向排列，造成宏觀上可觀測到的各向異性。此外，在構造應力場作用下地殼中裂隙的定向排列，也可使地殼物質呈宏觀各向異性。現代地震觀測技術已經能夠清晰地檢測到地球介質的各向異性。

二、首波（或側面波）

　　若介質是分層的，當地震波由低速的一方向高速的一方入射時，還存在一種波，叫做首波（head wave）（或叫側面波、折射波、衍射波、行走反射波等等），和光波中的全反射有些相似。由於在實際中，隨著深度的增加，地震波傳播速度一般也會增大，所以這種波在地震波中比較常見。這種波以臨界角（$i = \arcsin v_1/v_2$）入射後，又以臨界角連續出射。若在地下深為h處有一震源O（見圖3.1），則在一定的震央距離之外的任一點C都可觀測到這種側面波。射線$OABC$是滿足費馬原理的，但AB射線如何又能折回則是射線理論所不能解釋的，必須從波動方程中求得答案。但它的存在也可以簡單地給予定性的說明。震動沿AB路徑的傳播速度是v_2，但這是沿分介面傳播的，所以也必影響介質1。因v_2大於介質1中的固有速度v_1，按照惠更斯原理，在介質1中就產生一種首波，如同子彈在空氣中以超音速飛行相似，但這個波在介質2中並不存在，所以只是一個半首波。在多層介質中，可以存在來自不同介面的側面波。在地震勘探或地震測深的工作中所用的折射法，其實就是根據側面波，而不是真正的折射波。

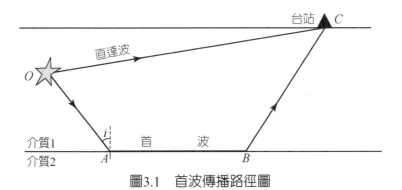

圖3.1　首波傳播路徑圖

雖然首波的傳播路徑總是比直達波長，但是因爲首波在分介面上是以深層介質中的速度來傳播的，因此超過一定臨界距離之後，首波就會比直達波率先到達台站。另外需要指出，P波和S波都會有相應的首波，但由於S波速度要比P波速度慢得多（一般來說，相同地層中，P波速度爲S波速度的1.73倍），所以S波所對應的首波一般也比直達P波晚到達台站。因爲首波能量很小，實際地震記錄中往往只能找到P波的首波，而找不到S波的首波。

三、地震波的吸收和衰減

無論體波還是（表）面波，在傳播過程中振幅都將衰減。將地球介質當做是完全彈性體是一種近似，實際上在波動傳播過程中，介質會吸收波動的能量轉化爲熱能。精密的地震觀測表明，地震波的能量消耗有時是不能忽略的，而測量這種消耗也可以提供關於地球內部情況的更多資訊。能量的消耗可以用不同的方式來表示；測量的方法可以用振動，也可以用行波。振幅隨時間的衰減可用 $A = A_0 e^{-\gamma t}$ 表示，γ 稱爲衰減係數。在一週期時間，兩個同方向振動幅度的比值的自然對數稱爲對數減縮 Δ。故 $\Delta = \gamma T$。對於行波，振幅因幾何擴散而減小，通常與震源距離的某次方成反比，但這與能量消耗無關。對於平面波，幾何擴散不必考慮。波傳播x距離後，因介質對能量的吸收而導致振幅的減小，可用 $A = A_0 e^{-\alpha x}$ 表示，α 稱爲吸收係數。因能量與振幅的平方成比例，故能量的吸收係數爲 2α。習慣上，衰減係數指的是時間變化，吸收係數指的是空間變化。表示能量消耗的另一個重要參數 Q 叫做品質因數，這是由電路理論借用來的一個概念，定義

$$\frac{1}{Q} = \frac{1}{2\pi} \cdot \frac{\delta E}{E},\qquad(3.1)$$

式中，E 是一定體積的介質在一週期時間內所存儲的最大應變能，ΔE 是同時期所消耗的能量。在地球物理文獻中，近年來較普遍地採用 Q 值來說明地球

介質的非完全彈性，因為它與頻率的依賴關係比α或γ弱得多。將以上定義應用於行波和駐波，可以證明：

$$\frac{1}{Q} = \frac{\Delta}{\pi} = \frac{2\alpha v}{\omega} = \frac{2\gamma}{\omega} \qquad (3.2)$$

式中，v是波的傳播速度，ω是圓頻率。據此可見，對不同類型的波，Q值是不同的。在天然地震的頻率範圍內（為10～0.01Hz），Q值隨頻率的變化常是可以忽略的。

地震波的能量消失除由於介質的吸收外，還可由於波的散射。若介質中存在不均勻性，地震波通過時將發生不規則的反射和折射，向不同的方向傳播並彼此干涉，最後化成熱能而消失或成為某種震動背景。這部分能量消耗也表現在振幅的衰減中，因而也影響Q值。

四、震央距

震源在地表的垂直投影為震央。震央距就是震央到觀測台站之間的距離，單位是公里。實際中另一種常用的震央距單位是度，就是震央-地球球心連線與觀測台站-球心連線的夾角，與公里制的震央距有如下換算：震央距（度）＝（震央距（km）×180）／（地球半徑×π）。簡單估算的話，1度大約等於110km。

▌第二節　地震波傳播的基本理論

為了找出複雜的地震波在地球介質裏傳播的基本規律，我們必須重視主要因素、忽略次要因素，使得問題變得簡明且易於操作。在地震波理論中，通常把地球介質當做均勻、各向同性和完全彈性介質來處理，只是一種簡化的假定。實踐證明，這種假定可以使分析大大簡單，並且在多數情況下可以

得到與觀測結果頗爲符合的結果。當然，當上述假定偏離實際情況時，還需要研究介質的不均勻性、各向異性和非完全彈性對波傳播產生的效應。

地球介質模型簡化後，就可以研究地震波在地球內部傳播的問題，採用的方法主要有動力學和運動學兩種方法。動力學方法是直接求解波動方程，研究平面波在平介面上的反射、折射，均勻半空間及平行分層空間中的地震（表）面波，以及球對稱模型的地球的自由振盪。各方法相對繁瑣，本書不做介紹。我們介紹的是第二種方法：運動學方法，就是將波動方程的求解簡化成波傳播的射線理論，用地震射線這一概念，研究地震波在地球內部傳播的運動學特徵，同時獲得地球內部構造的情況。

一、射線理論

在研究問題的尺度遠大於地震波波長的情況下，可以將地震波傳播當做射線來處理，從而使複雜的波動問題簡化成爲射線問題。地震射線問題和幾何光學很相似。所謂地震射線，就是地震波傳播時，波陣面法線的軌跡，也即是震動由一點傳播到另一點所經過的途徑。射線地震學，也叫幾何地震學，是波動地震學在波長很短時的近似。它可以由波動地震學推演出來，但更直接的是根據費馬原理得出。這個原理說：當一個震動由介質中一點傳播到另一點時，它所經過的途徑會使其傳播時間爲一穩定值（最大、最小或拐點）。設震動由A點出發，沿途徑s傳播到B，傳播速度是$v(x, y, z)$，所用的時間是t，則費馬原理就是

$$\delta t = \delta \int_A^B \frac{\mathrm{d}s}{v} = 0 , \qquad (3.3)$$

式中，Δ是變分。根據這個原理，若A和B各在一個分介面的兩邊或一邊，就立刻得到斯涅耳的折射或反射定律。地面以下地震波傳播速度一般都是隨深度而增加的，因此地震射線總是向上彎曲。這就使得一條射線從震源出發，

無論向何方向出射，最後總能彎回到地面。下面我們對地震波的走時和折射、反射都是按照射線理論的近似來討論的。

射線理論在過去100年中被廣泛用於地震資料的分析和解釋，由於它簡明、直觀、易懂且適應性廣，至今仍被廣泛應用。與更完整的解法比較，射線理論直截了當地給出了三維速度模型。但射線理論也有缺陷：它是高頻近似，對長週期或者陡的速度梯度的介質就行不通；它還不容易處理非幾何效應問題。本章介紹的射線理論只涉及地震波的到時，而沒有考慮振幅和其他細節。

二、地球介質的變化特徵

地震波的傳播主要取決於地震波的速度，地震波的速度與地球介質相關。地球內部介質性質的變化，主要有以下情形：

(1) 上下介質的性質、狀態迥然不同，出現明顯的分介面，地震波速度出現階梯狀跳躍，如地殼與地函、地函與地核之間。地殼是固體，外核是液體，地函介於固態與液態之間。地震波通過殼函分介面時P波速度從7.8km/s突增到8.4km/s，S波速度從3.7km/s突增到4.7km/s，地震波通過核函分介面時P波速度從13.6km/s突降到8.0km/s，S波速度從7.2km/s降至0。

(2) 上下介質的狀態基本相同，但性質變化顯著，呈現明顯的分介面，如地函中的*B*、*C*、*D*層之間的分介面。地震波在分介面上的速度也有顯著的變化。

(3) 在同一層內，地球介質也不是均勻分佈的。一般來講，由於地球介質是分層均勻、各向同性的，地球介質的密度、彈性參數等隨深度增加而增加，地震波速度也隨深度的增加而增加。但有兩種特殊情形：一種是速度隨深度增加而減小（稱爲低速層）；另一種是隨著深度增加速度異常增加（稱爲高速層）。

三、地震波的折射、反射和轉換

1. 近震情況

地震波入射到層之間的介面上時，和光波相似，比較容易理解，會產生折射、反射和波型轉換等現象。

如圖3.2所示，取自由表面爲xz平面，z軸垂直向下，入射面爲垂直面xz。L爲P波傳播方向，N垂直於L。S波分解爲SV波和SH波，SV波爲入射面內的橫波分量，沿N方向，SH爲垂直入射面的橫波分量。

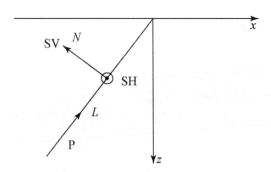

圖3.2　P波和S波振動分量圖

對於近震而言，地球的分層介面可以視爲水平的。P波入射時，介面上會產生反射P波、折射P波，反射轉換SV波和折射轉換SV波，SV波入射時與P波類似；SH波入射時只有反射SH波和折射SH波產生，沒有轉換波出現。因爲水平面內振動的SH波不可能引起垂直面內振動的P波和SV波（見圖3.3）。

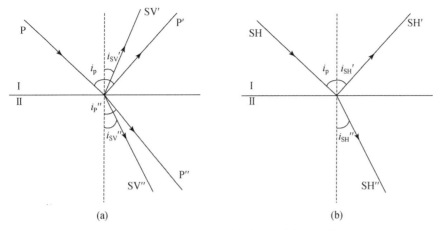

圖3.3　P波和SH波入射時的折射和反射

　　有關地震波傳播的許多問題，可用地震射線理論解決，射線理論的基礎是費馬原理。費馬原理是：在各向同性的連續介質中，擾動沿著一條走時為穩定值的路徑傳播。地震射線在經過介質內部間斷面時的折射、反射和轉換遵從斯涅爾定律，斯涅爾定律可由費馬原理導出。

　　P波入射時，有

$$\frac{\sin i_{\mathrm{P}}}{v_{\mathrm{P}}} = \frac{\sin i_{\mathrm{P'}}}{v_{\mathrm{P'}}} = \frac{\sin i_{\mathrm{SV'}}}{v_{\mathrm{SV'}}} = \frac{\sin i_{\mathrm{P''}}}{v_{\mathrm{P''}}} = \frac{\sin i_{\mathrm{SV''}}}{v_{\mathrm{SV''}}} ; \qquad (3.4)$$

SV波入射時，有

$$\frac{\sin i_{\mathrm{SV}}}{v_{\mathrm{SV}}} = \frac{\sin i_{\mathrm{P'}}}{v_{\mathrm{P'}}} = \frac{\sin i_{\mathrm{SV'}}}{v_{\mathrm{SV'}}} = \frac{\sin i_{\mathrm{P''}}}{v_{\mathrm{P''}}} = \frac{\sin i_{\mathrm{SV''}}}{v_{\mathrm{SV''}}} ; \qquad (3.5)$$

SH波入射時，有

$$\frac{\sin i_{\mathrm{SH}}}{v_{\mathrm{SH}}} = \frac{\sin i_{\mathrm{SH'}}}{v_{\mathrm{SH'}}} = \frac{\sin i_{\mathrm{SH''}}}{v_{\mathrm{SH''}}} . \qquad (3.6)$$

上面三式可以統一表達為

$$\frac{\sin i}{v} = p \,,$$
(3.7)

式中，p為射線參數，每一條射線只有一個射線參數。i為射線與法線之間的夾角。

如果介質中存在分介面，而且$v_2 > v_1$，當地震波以某一特定的角度i_0（$i_0 = \arcsin (v_1/v_2)$）入射到介面時，會產生首波，其路徑亦遵從費馬原理。其中，莫霍面的首波用P_n表示。

2. 遠震情況

對於遠震而言，地球曲率不能忽略，地球介質性質隨深度的變化也應加以考慮。地震波的折射路徑如圖3.4所示。地震波的折射滿足如下關係：

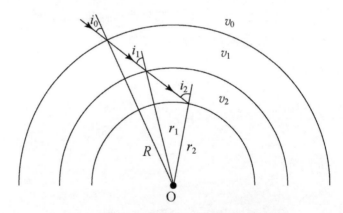

圖3.4　球對稱介質中的地震射線路徑

$$\frac{R\sin i_0}{v_0} = \frac{r_1 \sin i_1}{v_1} = \frac{r_2 \sin i_2}{v_2} = \cdots = p \,,$$
(3.8)

式中，p為射線參數。式3.8也稱為球對稱介質中的折射定律。

四、地震波的走時曲線和走時方程

以觀測點的震央距爲橫坐標，地震波到達時間爲縱坐標，繪成的曲線稱爲走時曲線。地震波到達時間與震央距關係的方程稱爲走時方程。它們可用來描述地震波的傳播情況。

1. 水平層狀介質

(1) 單層地殼介質模型中地震波震相與走時曲線

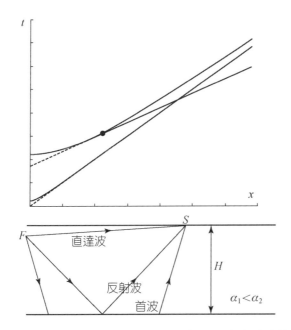

圖3.5　單層地殼模型中傳播的波及相應走時曲線

如圖3.5所示，設一速度爲α_2的半無限彈性介質上覆蓋一厚度爲H、速度爲α_1（並設$\alpha_1 < \alpha_2$）的單層均勻地殼，地殼中震源F的深度爲h，接收點S（地震站）在上層介質的表面，震央距爲X。對於近距離（震央）的地震，由圖可以看到，接收點記錄的地震記錄圖，可能包含如下震相：

① 直達P波和直達S波震相，分別記爲Pg和Sg

容易導得直達波的走時方程爲

$$T_P = \frac{\sqrt{X^2 + h^2}}{\alpha_1} \approx \frac{X}{\alpha_1} \quad (當 \ X \gg h \ 近似成立)$$
$$T_S = \frac{\sqrt{X^2 + h^2}}{\beta_1} \approx \frac{X}{\beta_1} \quad (當 \ X \gg h \ 近似成立) \left.\right\} . \tag{3.9}$$

若取地殼P波平均速度爲6.2km/s，S波平均速度爲3.5km/s，由上二近似式可得

$$X = \frac{\alpha_1 \beta_1}{(\alpha_1 - \beta_1)} \cdot (T_S - T_P) \approx (8 \ km/s) \cdot (T_S - T_P), \tag{3.10}$$

式中，$(T_S - T_P)$ 爲S波與P波的走時差，也可是S波與P波的到時差。上式說明，對於近地震，若從地震記錄圖上讀取得P波和S波的到時差，根據一地區的「虛波速度」$(\alpha_1 \beta_1)/(\alpha_1 - \beta_1)$ 數值與到時差的乘積，可以迅速估計出記錄台站與震央的距離。

② 地殼底面反射波震相，分別記爲PmP和SmS

反射波的走時方程爲

$$T_{PmP} = \frac{\sqrt{X^2 + (2H - h)^2}}{\alpha_1} \approx \frac{X}{\alpha_1} \quad (當 \ X \gg 2H - h)$$
$$T_{SmS} = \frac{\sqrt{X^2 + (2H - h)^2}}{\beta_1} \approx \frac{X}{\beta_1} \quad (當 \ X \gg 2H - h) \left.\right\} . \tag{3.11}$$

我們容易看出，反射波走時曲線在震央距較大的地方將趨近於直達波的走時曲線。

③ 首波震相，分別記爲Pn和Sn

當波由上層介質傳播至與下層介質的分介面時，將發生波的反射和折射。部分能量會反射回上層介質中傳播，部分能量將透射到下層介質中去，在下層介質中傳播。當下層波速大於上層波速時，入射角越大，反射波能量的比例將越大，透射波能量的比例將越小，當入射角大到一定值時，波的能量將全部反射，無能量透射，該入射角我們定義爲臨界角，並記爲i_c。

當P波入射角等於臨界角時，地震波能量將沿介面以α_2的速度傳播，並在傳播過程中能量不斷以i_c的反射角回射到上層介質中傳播，這種波稱爲首波，中國著名地球物理學家傅承義院士在首波機理的研究中有重要貢獻。

由斯涅爾定律：

$$\frac{\sin i_1}{\alpha_1} = \frac{\sin i_2}{\alpha_2}, \tag{3.12}$$

我們可以推得P波入射的臨界角i_{cP}：

$$i_{cP} = \sin^{-1}(\alpha_1/\alpha_2). \tag{3.13}$$

同樣我們可以得到S波入射的臨界角icS：

$$i_{cS} = \sin^{-1}(\beta_1/\beta_2) \tag{3.14}$$

對地殼與地函的分介面（莫霍面），由於介面上下介質的泊松比變化不大，即P波與S波速度比大體相等。因此如無特別聲明，我們將i_{cP}、i_{cS}統一記爲i_c。

現在我們進一步估計單層地殼模型假定下，什麼樣的震央距可以觀測到首波。設地殼厚度爲H並考慮地表震源這種簡單情形，不難得到首波出現的

臨界震央距：

$$\Delta_{c1} = 2H\mathrm{tg}i_c = \frac{2H\alpha_1}{\sqrt{\alpha_2^2 - \alpha_1^2}} , \qquad (3.15)$$

震央距小於Δ_{c1}的範圍稱為首波的盲區，在此範圍內不會出現首波。

實際觀測中，在臨界震央距Δ_{c1}附近記錄的地震記錄圖上一般是找不到首波震相的。主要原因是與直達波比較，雖然首波以更快的速度傳播，但由於傳播路徑較直達波長，因而在一定的震央距範圍內，Pg波仍是地震記錄圖記錄的第一個震相，而Pn波由於是沿莫霍面傳播的次生波源的波，通常較Pg波弱，容易被Pg波所覆蓋，不易識別。在超過一定臨界震央距時，Pn將是地震記錄圖上記錄的第一個震相，從而可以清楚的識別出Pn震相，Pn波成為真正意義上的首波，我們將這個臨界距離稱為首波的第二臨界震央距，記為Δ_{c2}。

不難推出地表源的首波走時方程為

$$\left. \begin{array}{l} T_{\mathrm{Pn}} = \dfrac{2H}{\alpha_1 \cos i_c} + \dfrac{X - 2H\mathrm{tg}i_c}{\alpha_2} \\[3mm] T_{\mathrm{Sn}} = \dfrac{2H}{\beta_1 \cos i_c} + \dfrac{X - 2H\mathrm{tg}i_c}{\beta_2} \end{array} \right\} \qquad (3.16)$$

由（3.9）和（3.16）不難得到：

$$\frac{\Delta_{c2}}{\alpha_1} = \frac{2H}{\alpha_1 \cos i_c} + \frac{\Delta_{c2} - 2H\mathrm{tg}i_c}{\alpha_2} , \qquad (3.17)$$

即有

$$\Delta_{c2} = 2H \sqrt{\frac{\alpha_2 + \alpha_1}{\alpha_2 - \alpha_1}} \qquad (3.18)$$

考慮地球的平均狀況。取地殼厚度H為30km，地殼P波速度α_1為6.8km/s，地函頂部介質P波速度α_2為8.0km/s，代入上式我們可以估計出能清晰記錄首波震相的臨界震央距Δ_{c2}為211km。由於全球陸地不同構造區地殼厚度的差異性很大（從盆地區的20km至高原區的80km），因此首波觀測的臨界震央距因構造區不同也有相當大的變化。圖3.5顯示的P波直達波、首波及反射波的走時曲線可以看到，對大於Δ_{c2}震央距的地震站記錄的第一個震相是首波震相，在這個震央距以上至1000km（對更遠的記錄台，由於衰減，Pn波將變得很弱，我們讀取的第一個震相通常是穿過地函介質的透射P波震相或稱遠震P波，記為：P）的範圍內，一般在地震記錄圖上都能讀取到較為清晰的首波震相。需要指出的是，由於通常情況下直達波的能量較首波強，因此儘管超過臨界地震距後直達波較首波後到，但不會被首波覆蓋，仍可以清晰識別出來。

(2) 多層介質地震波的傳播情況

在一個小範圍內，可以忽略地球表面和層的介面的曲率而把它們當做平面。假設有n個平行層，每層的介質都是均勻和各向同性，各層的厚度分別為h_1，h_2，$\cdots$，h_n，速度分別為v_1，v_2，$\cdots$，v_n。取直角坐標系，將x軸與y軸置於自由表面，z軸垂直向下。由於問題具有軸對稱性，所以只需討論xz平面內的射線。該射線是一條折線（圖3.6）。每一層中的射線傳播路程可表示為

$$s_k = h_k / \cos i_k = h_k / \sqrt{1 - p^2 v_k^2}, \qquad (3.19)$$

$$t = \sum_{k=1}^{n} h_k v_k^{-1} (1 - p^2 v_k^2)^{-1/2} \Bigg\} \tag{3.20}$$

$$x = \sum_{k=1}^{n} p h_k v_k (1 - p^2 v_k^2)^{-1/2} \Bigg\}$$

其中，i_k為第k層的入射角，p為射線參數，滿足

$$\frac{\sin i_1}{v_1} = \frac{\sin i_2}{v_2} = \cdots = \frac{\sin i_n}{v_n} = p \tag{3.21}$$

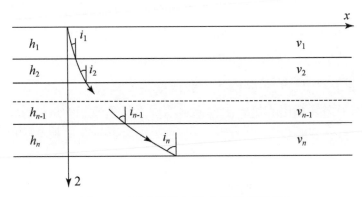

圖3.6　水平層狀介質中的地震射線

在（3.20）式中令$h_k \to 0$，$n \to \infty$，取極限就得到波速隨深度z連續變化即
$v = v(z)$情況下的相應的公式：

$$t = \int_0^h v^{-1} (1 - p^2 v^2)^{-1/2} \, \mathrm{d}z \Bigg\} \tag{3.22}$$

$$x = \int_0^h p v (1 - p^2 v^2)^{-1/2} \, \mathrm{d}z \Bigg\}$$

2. 球對稱介質

地球可以近似地認爲是由無數個同心球殼或連續變化的球對稱介質組成的。對於遠震考慮到曲率的原因，不能簡化爲水平層狀介質。由於對稱性，我們只須討論在任何一個大圓面內的射線。令層的數目無限增加，層的厚度無限減小，就過渡到速度連續變化，即$v = v(r)$的情形，射線由折線變爲一條光滑曲線。由斯涅爾定律可以得到球對稱介質中的折射定律，即（3.8）式。

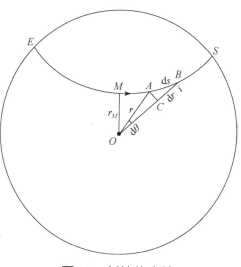

圖3.7　射線的走時

考慮從任意的r到$r + dr$的一小段射線。如圖3.7所示，考慮ΔABC，令$AB = ds$，有

$$\mathrm{d}\theta = \pm \frac{\sin i}{\cos i} \frac{\mathrm{d}r}{r} \qquad (3.23)$$

式中正負號對應射線最低點兩側不同段，對EM段取負號，MS段取正號。於是

$$\left. \begin{aligned} \mathrm{d}\theta &= \pm \frac{pv}{r\sqrt{r^2 - p^2 v^2}} \mathrm{d}r \\ \mathrm{d}t &= \pm \frac{1}{v\sqrt{1 - p^2 v^2 / r^2}} \mathrm{d}r \end{aligned} \right\}, \qquad (3.24)$$

則地面走時的參數方程爲

$$
\left.\begin{aligned}
\theta &= 2\int_{r_M}^{R} \frac{pv}{r\sqrt{r^2 - p^2 v^2}}\mathrm{d}r \\
t &= 2\int_{r_M}^{R} \frac{1}{v\sqrt{1 - p^2 v^2 / r^2}}\mathrm{d}r
\end{aligned}\right\},
\tag{3.25}
$$

式中，r_M爲射線最低點的向徑，R爲地球半徑，如令

$$
\eta = \frac{r}{v}
\tag{3.26}
$$

代入上式，便得

$$
\left.\begin{aligned}
\theta &= 2\int_{r_M}^{R} \frac{p}{r\sqrt{\eta^2 - p^2}}\mathrm{d}r \\
t &= 2\int_{r_M}^{R} \frac{\eta^2}{r\sqrt{\eta^2 - p^2}}\mathrm{d}r
\end{aligned}\right\}
\tag{3.27}
$$

一般地說，在地球內部，地震波的速度隨深度的增加而增加。但地球內部還存在許多速度異常區及間斷面，它們對地震射線的幾何形狀及走時曲線都有影響。

如圖3.8(c)表示爲正常速度曲線，即內部地層沒有速度陡增或陡降。如果在地球內部的有些區域速度下降，滿足不等式$0 < dv/dr < v/r$，在這種情形下（圖3.8(a)），地面上有一片區域接收不到射線，這片區域叫陰影區，相應地走時曲線出現一段空白。

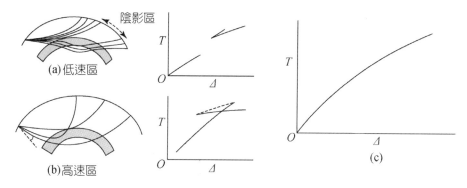

圖3.8　高速層和低速層對地震射線的影響

如果在有的層裏速度隨深度迅速增加，那麼在這個層裏射線彎曲得特別厲害，因而出現在較近的震央距上，這使得走時曲線上出現回折（圖3.8(b)）。

■第三節　體波各種震相和走時表

通常把在地震記錄圖上記錄到的不同振動類型或通過不同途徑的波所引起的一組一組的振動叫震相。地震學的一個主要目的就是解讀地震記錄的各個震相，並從中得到記錄所攜帶的地球內部資訊和震源資訊。20世紀的地震學家們在確定體波震相以及測定走時方面做了大量的工作。在這些工作基礎上，得出了地球分為地核、地函、地殼的結論，並相應計算出了各層之間分介面的深度。下面就來討論一下地震體波的各個震相以及相應的走時表。

一、近震體波震相

對於近震，最主要的速度間斷面就是莫霍面了。舉個例子，莫霍面附近上邊的P波速度一般為6.5km/s，而下邊的速度則能達到8.0km/s，這主要是因為莫霍面上下的岩石物質組成不同。我們以Pg、Sg表示地殼內由震源發出

直接到達地面的縱波和橫波。P、S波到達莫霍面後的反射波有可能產生轉換波，因此經莫霍面的反射波表示為PmP、PmS、SmP、SmS。而經莫霍面的首波則表示為Pn、Sn（圖3.9）。

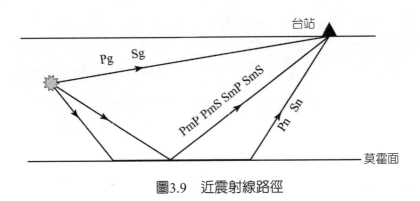

圖3.9　近震射線路徑

二、遠震體波震相

從震源發出的P波、S波，有的在地表發生反射，或者在地球內部的邊界上發生反射或折射，同時也有由P波向S波、由S波到P波轉換後到達觀測點的波。最明顯的介面是地函和地核的邊界。而地核可以分為外核和內核。因為觀測不到通過外核的S波，所以可以推出外核為流體（理想流體不能抗剪切力，所以不存在橫波）。

為了統一描述，對通過各種途徑的波，一般都按下面的規定加上某種記號（如圖3.10）。以大寫字母P和S表示從震源發出、向地球內部傳播的縱波和橫波。P波和S波可能在到達地球表面後發生一次或多次反射，反射後波型可能變化也可能不變化。相應的震相以PP、PPP、SS、PS、SPP等表示。P波和S波在地核介面會發生反射，我們以小寫字母c表示這種情形，而以PcS、PcP、ScS和ScP等表示在地核介面反射後出現的波。地球的外核是液態，所以只有通過外核的縱波，而沒有通過外核的橫波。我們以K（來自

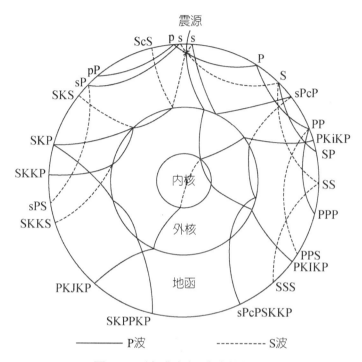

圖3.10　地球內部體波的傳播

德文Kern wellen──核波）表示通過外核的縱波。縱波可能在外核介面反射，這種情形以KK表示。通常以P'表示PKP，它表示P波通過外核後折回地面。類似地有PKS，SKS和SKP。P'P'（即PKPPKP），表示P'在地球表面反射；而PKKP，PKKS，SKKS表示在核邊界內部反射。PcPP'是PcP進一步在地球表面反射成P'產後形成的。內核可通過P和S波。通過內核的P波以I表示，S波以J表示。所以PKIKP表示一個貫穿內核但波型不變的縱波。小寫字母i表示在內核介面的反射。當震源有一定深度時，從震源發出的波可以在地球表面上兩個地點發生反射，然後到達同一台站。一般以小寫字母p，s分別表示由震源向上（地面）傳播的射線，經地表反射後到達觀測點的射線可表示爲pP、sP、pPP等。

三、幾個主要震相的特徵

上述的震相並不一定能在地震記錄上全部顯示出來。震相也依賴於震央距、震源深度和地震儀的頻率特性。同時，由於震源及觀測點的條件不同，其表現形式也會不同。下面簡單敘述一下地震記錄上主要波的表現形式。

P：在震央距為100度的範圍內，P將作為地震記錄的第一個震相清晰地顯示出來。一超過103度，其振幅就變小，這是因為進入地核的陰影區所致。當看到弱小的波時，一般認為那是在核函邊界上由於衍射而產生的，這類似于莫霍面衍射的Pn波。

S：在震央距最大為100度的範圍內，S往往以比P還大的振幅在地震記錄上顯示出來。超過100度時，雖然開始進入了地核隱區，但SKS大體上可在S波走時曲線的延長部分出現，即在這個時段還可以觀察到振幅較大的震相，不過已經是SKS震相了。

PP、SS（地面反射波）：這兩個震相在震央距超過20度時就開始與P或S分離。當震央距大於幾十度時，有時與P或S相同或以幾倍於P、S的振幅顯示出來。

pP、sS：當發生深震時，在30～100度附近，在P、S之後可以清晰的顯示出來。pP和P的到時差，以及sS和S的到時差，往往隨著震源深度不同而差別很大，因此對確定震源深度非常有用。

PcP、ScS、pPcP、sScS（外核反射波）：PcP、ScS或者是PcS、ScP常在震央距在30～40度左右顯示出來。當發生深震時，即使在更近的距離裏這些震相也會以很大的振幅顯示出來。在長週期地震儀上，有時經過外核、地殼的多次反射波也可以觀察到。

四、地震走時表

　　地震波在不同震央距上傳播的時間表，稱爲地震走時表。地震波從震源到達觀測點所需的時間稱爲走時。震央距愈大，所需的走時愈長。在走時表中，按照不同的震源深度和震央距的順序，給出了各種震相的走時資料，其中走時以分、秒爲單位；震央距以公里或球面大圓弧的度數爲單位；震源深度以公里或剝殼地球半徑$R = 6371 - 33$（km）的百分之一爲單位。同走時表中給出的資料相對應的座標曲線圖稱爲走時曲線（在地震勘探中通常稱時距曲線）。

　　走時表中載入的各種震相的走時，是根據地震記錄圖（即地震波形的記錄）中各種震相的到時來編制的。爲了準確地編制走時表，需要彙集大量的地震記錄圖，並對各種震相做出正確的識別和鑒定。在走時表編成之後，它就成爲分析地震記錄圖，識別不同震相的主要依據。

　　爲了獲得足夠的地震記錄圖，可以利用天然地震，也可以利用人工爆炸。一次地震發生後，根據放在不同地點的地震儀記錄到的某種地震波的到時和粗略估計出的震源位置和發震時間，畫出初步的走時曲線；用這一曲線更精確地測定震源位置和發震時刻，從而畫出更精確的走時曲線。如此反復迭代，最後得到的一個穩定結果，就是這種地震波的走時曲線。根據這樣的曲線計算出對應於不同震央距的走時表。

　　最早的走時表是19世紀末由英國地震學家奧爾德姆（R. D. Oldham）作出的，它包括P，S，以及（表）面波的走時表，當時只給到走時值的零點幾分，精度很低。20世紀30年代，各國學者相繼編制較爲精確的走時表，其中以1939年傑佛瑞斯和布倫合編的走時表（簡稱J-B表，見圖3.11）和古登堡的走時表最爲完整，它們基本上是相同的。表中包括了地球上可能出現的絕大多數地震波的走時。J-B表在當時也最爲精確，因爲它利用了當時國際上較多的地震觀測資料。又採用了嚴格的數學方法做了大量的統計計算。

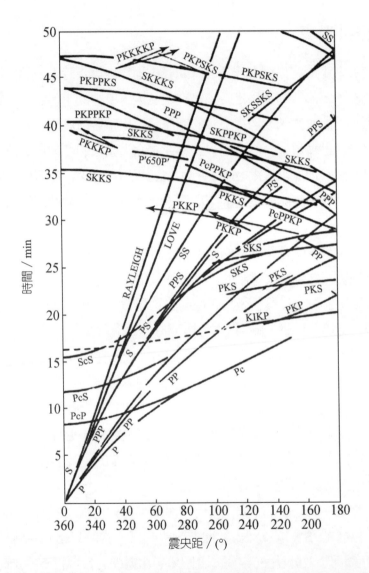

圖3.11　傑佛瑞斯及其學生布倫根據許多地震記錄於1939年繪成的著名的走時曲線

J-B表所採用的全球平均地殼模型爲：上層花崗岩層厚15km，縱波和橫波的速度分別爲5.57km/s和3.36km/s;下層玄武岩層厚18km，縱波和橫波速度分別爲6.50km/s和3.74km/s；地殼總厚度爲33km；地函頂部的縱波和橫波速度分別爲7.76km/s和4.36km/s。J-B表作爲標準的工具爲過去的國際地震資料彙編（ISS）和現在的國際地震學中心（ISC）通報所採用。

走時圖和走時表提供了有關地球內部的重要資料，在這裏可以根據圖3.11做出一些推斷。如圖可以看出，P波、S波和所有其他相關體波的走時曲線的斜率隨震央距增大而減小，由於震央距越大，這些體波的穿透深度越深，這表明從遠距離傳來的地震波在地球深部的傳播速度要高於近地面的傳播速度。也就是說，地震波的速度隨地球深度而增加。圖中雷利波和洛夫波的走時曲線爲直線，斜率不隨震央距變化而變化，說明它們在傳播過程中，速度是恒定的，加上前面得出的地震波速隨深度增加而增加，我們可以得出這些波是沿著某些地層傳播的，這種層只能是表面層，否則不可能被地表的儀器接收到。一般來說，任何體波的走時都是震央距和震源深度的函數。但是S-P的走時差較多依賴於距離而較少依賴於深度；而pP-P走時差主要由震源深度決定，較少得依賴于震央距。這樣我們可以方便地根據這些資料得出震源深度和震央距。

第二次世界大戰後，地震觀測的精度有很大改進，電子電腦技術的發展使編制走時表的工作效率大爲提高。爲此，美國於1968年重新編制了全球平均的P波走時表。但J-B表在國際地震機構和許多國家（包括中國）仍然是查對地震波走時的主要依據。作爲全球平均的走時表，J-B表不能反映各地區的特殊性，包括地殼和上部地函構造的不均勻性。爲此，許多國家（包括中國）都還編制了能夠反映本地區特點的地區性走時表。

思考題

1. 推導雙層地球模型中，震源在下地殼內時的首波走時方程。

2. 一個震源深度為10km的地震，多個區域台站記到的Pn波走時直線的斜率為0.125s/km，截距為$3\sqrt{7}$s（約8s），若均勻地殼內P波速度已知為6km/s，試估計地函頂部的P波速度和地殼厚度。

3. 假設有n個平行層，每層的介質都是均勻和各向同性的，各層的厚度分別是h_1，h_2，$\cdots$，h_n，速度分別為v_1，v_2，$\cdots$，v_n，震源在地表，接受也在地表，X為震央距，i_k為第k層的入射角。證明沿著最下層傳播的首波的走時方程為：$t(X) = \dfrac{X}{v_n} + \sum\limits_{k=1}^{n-1} \dfrac{2h_k \cos i_k}{v_k}$。

第四章

地球內部的結構

■第一節　地球內部結構的發現

一、探索的歷史

　　對地球的結構的認識是逐步的。在古代，地心被神化地描繪成地獄之火。而人類眞正開始認識地球的歷史至少可以追溯到古希臘時，畢達哥拉斯（Pythagoras）和亞里斯多德都曾提出過球形大地的觀點，艾拉托色尼（Eratosthenes）則第一個用幾何方法給出了地球赤道的長度。1522年9月6日，麥哲倫船隊僅剩下的18名歷盡艱難疲憊不堪的水手駕駛著他們的航船回到西班牙的出發點，從而完成了人類歷史上的第一次環球航行，地球是圓的這個概念才宣告確立。1666年，牛頓（I. Newton）發現了萬有引力定律，標誌著對地球認識的新階段的開始。從萬有引力和地球旋轉的事實出發，牛頓和惠更斯（Ch. Huygens）同時得出地球是一個兩極扁平赤道隆起的橢圓的理論，牛頓的重力原理也提供了測定地球密度的一種途徑。把整個地球內部的平均性質與已知岩石的密度比較，可以得到對地球組成情況的初步近似估計。早在1798年，英國的卡文迪什（Cavendish）勳爵就測量了由兩組鉛球對一扭動棒的吸引產生的扭矩，並由此確定地球的平均密度爲5.45g/cm^3，比普通岩石的密度大一倍。差異如此之大，表明在地球內部絕沒有空洞，那裏的物質必定是非常緻密的。

　　另外一個有關地球內部狀態的重要線索是由日月引力造成的海洋潮汐提供的。如果地球內部差不多都是液體的話，地球的岩石表面將像大洋潮汐一樣漲落，其結果是在海岸邊會看不到潮的漲落。1887年一個優秀的地球物理學家喬治・達爾文（George Darwin）（查理士・達爾文的次子）從主要海港的潮的高度得出結論：「認爲地球內部是流體的假說不可取」。他推理地球深部的總體剛度雖然不像鋼那樣大，但仍是相當可觀的。經過進一步精心推敲，地球物理學家們作出了簡單曲線，估計從地表到地心巨增的壓力對密

度的影響。1897年維歇特通過理論計算發現，地球內部可能由圍繞著一個鐵核的矽酸鹽地函組成。1902年在柏林發表的地球內部結構略圖，圖上標明了地球的早期模型具有固體地殼、彈性地函和固態核（見圖4.1）。

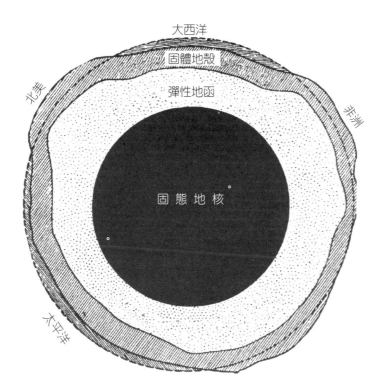

圖4.1　1902年在柏林發表的一張地球內部略圖

　　這些早期地球物理工作依靠的論據雖然很有力，但精度不高。因為地球內部特性的定量變化沒有詳細的結果，所以就給各種不同的觀點留下了爭論的餘地。地球內部到底主要是流體還是固體，哪一方都無法駁倒對方。如圖4.1所示的推測性地球模型，在19世紀末還是被認可的。密度、潮汐和地球形狀的數學分析給出了一個稍稍有些扁的星球的圖像：固體地殼浮在彈性或塑性的基底上，在這一基底之下是高密度的核，半徑有幾千公里，可以是固

體或液體。

20世紀地震儀的出現和廣泛使用揭開了地球內部結構大發現新的篇章。通過分析來自全球的地震波，他們不但能夠確定已經預期存在的構造的邊界和組成，還發現了意想不到的構造。例如19世紀地球物理學家推斷地核爲液體，但20世紀發現在液體的核中還存在一個固態內核。

毋庸置疑，沒有一種地質研究技術能與記錄地震波探測地球相比。然而地震學採用的是什麼方法，它們的優點與缺點是什麼，並未廣泛地爲人們所知。基本問題是：我們怎麼應用地震波去透視地球內部？爲了尋找答案，首先要研究地震圖。

二、地殼的探究

1. 一個誤區

地殼一詞很早就有，一百多年前，人們普遍認爲地球內部是液體，表面凝固著一層硬殼。而現在很多人形象地把地球比作一個雞蛋，當然地殼就比作蛋殼，所以，地殼總給人一個內軟外堅的印象，這樣理解顯然錯誤，因爲現代地震學觀測表明地球內部大多數深度的介質一般比鋼還硬，地殼下面並不軟。然而地殼一詞已沿用許多年，地學界也不打算再改。但請讀者記住，它僅僅是指地球的最外固體層，並不是剛度較強的硬殼的含義。

2. 地殼底部的發現

關於地殼不同性質和厚度的首批確切的地震學證據始於20世紀初，著名的早期工作由克羅地亞的紮格瑞布地震觀測台的莫霍洛維奇（Mohorovicic）完成。他從地震記錄中推斷，在大陸表面之下約30～50km處，有一顯著的構造變化，該介面深度隨地理位置不同有所變化。當分析1909年10月8日克羅地亞地震的地震儀記錄的P波和S波時，莫霍洛維奇注意到有些波似乎比設想的沿地球表面傳播的波到達得晚一些。爲了解釋這個延遲，他假定

朝下走的P波和S波沿著深約54km一個介面被折射上來。以後的研究表明，這個被稱為莫霍洛維奇不連續面（簡稱莫霍面或M介面）的介面是全球現象，它的平均深度一般比54km小而且差異性不大。這個介面把地殼和其下的地函分開。

地殼的厚度在全球各處是不同的。大陸地區，地殼平均厚度為35km，但橫向很不均勻，如中國青藏高原下面的地殼厚度達60～80km，而華北地區有些地方，還不到30km。海洋地殼的厚度只有5～8km。

在大陸的穩定地區，地殼厚度約為35～45km，一般分為兩層。上層的P波速度由5.8～6.4km/s隨深度增加到下層的6.5～7.6km/s。但增加的情況存在很大的地區差異。有些地區，上下層中間存在一個速度間斷面，叫康拉德（Conrad）面，或C介面。但在另一些地區，速度隨深度的增加幾乎是連續的，觀測不到來自C介面的震相。由地殼下部到地函，波速增加一般是很快的，P波速度由7km/s在幾公里的深度內很快增加到8.0～8.2km/s。M介面的細結構現在仍然是地球科學研究的熱點問題。

3. 大洋和大陸地殼的區別

地震觀測表明，大洋和大陸下面的地殼的厚度不同。當地震儀能記錄繞地球漫長路徑傳播的地震波時，通過洋底和通過大陸的地震波波型明顯不一樣，從而清楚地展示出地質構造的差別。這些波型也提供了一種得力的方法，能從遠處觀測和分析地震波沿途主要地質構造的情況。

如果知道深部地球介質的性質，比方說某一特定大洋或大陸的下面，我們就能從理論上預測相應觀測到的（表）面波的波形。在實際工作中往往是倒過來的，我們先觀測到某種波形，然後試圖從波形推斷出沿漫長傳播路線所經過的岩石性質的平均狀態。（表）面波通過地球表面的路徑通常既穿過大洋，又穿過大陸。但在特殊情形下，有些地震站能記錄到僅通過大陸地殼或海洋地殼的純路徑（表）面波。例如，在加利福尼亞記錄的南太平洋地震

的地震（表）面波只穿過太平洋；在瑞典的地震站記錄的喜馬拉雅地震的地震（表）面波只穿過歐亞大陸。這些穿過大洋或大陸地殼的純路徑（表）面波的不同波形見圖4.2。

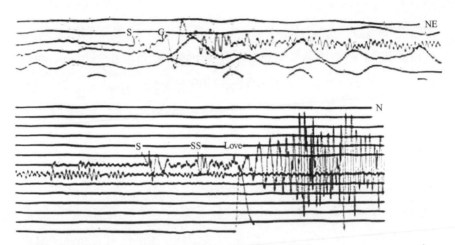

圖4.2穿過大洋和大陸的地震波的不同波形（引自Bruce A.Bolt,2000）

上：加利福尼亞伯克利的一個長週期地震儀記錄的地震圖，可看到阿拉斯加地震沿大洋路徑傳播的洛夫波脈動（G脈動）（時間分段信號點為1分鐘間距）；下：西伯利亞地震到瑞典烏普薩拉地震站穿過大陸路徑傳播的洛夫波列，由於頻散被拉開成長久的波列（時間從左到右：0.6公釐（公厘）約相當1秒）

回想第二章講的（表）面波頻散，即因為較長週期的（表）面波傳播到較深處，那裏地震波速度較高，首先到達，從而將波列拉開。因為地殼岩石和地函岩石具有相當不同的地震波速度剖面，雷利和洛夫（表）面波中的頻散量為我們提供了地殼厚度的線索。大陸地殼、地函波速差別特別突出，而大洋地殼、地函波速差別相對較小，這樣，洛夫波沿大洋路徑傳播時平行地面的單一脈動可以4.5km/s的速度傳播1000多公里距離。在同一震央距離，洛夫波沿大陸途徑傳播時則不出現一個清楚的脈動，而顯示為一個長長的波列，其週期穩定，隨傳播時間增加波列被拉長。這種波形記錄的明顯不同可

以清楚地告訴我們，一特定震源與觀測台之間究竟是主要大洋地殼呢，還是純大陸地殼（圖4.2）。

　　大洋和大陸的雷利波記錄的特徵也明顯不同（圖4.3），不像洛夫波，它具有垂直分量的地面運動。沿大洋途徑傳播的雷利波擴散成的波列可以以15秒為週期持續許多分鐘。沿大陸途徑傳播同等距離的雷利波記錄則不出現這種長而單調的波列。

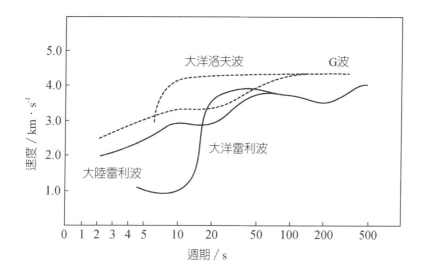

圖4.3　解釋沿大洋和大陸路徑傳播的洛夫波和雷利波特徵的頻散曲線

　　各種週期的大洋洛夫波幾乎以同樣速度傳播，它們同時到達，產生突出的G脈動；相反的，大陸洛夫波的速度隨週期逐漸變化，使之頻散

　　在解釋這些差別時，地震學家試圖把記錄到的（表）面波波形與不同厚度的地殼模型相聯繫。先研究了一系列有可能出現的地殼數學模型並計算了理論頻散，然後排除那些與實際觀測的頻散相矛盾的地殼模型。這一模擬表明洋殼肯定較薄；早期據低解析度地震儀觀測提出洋殼厚度可能為20km，而大陸地區地殼厚度為35km。當全球地震站網在20世紀60年代改進之後，

地震站裝備了長週期擺，能準確地記錄具有10～50秒週期的地震地面運動，於是圖像分辨得更好了。確定大陸地殼厚度在25～50km之間，一般在高山區較厚。相反，洋殼變化小，厚度在5～8km之間，在一些過渡區或淺海地區，地殼厚度居中，介於大洋與大陸之間。用地震波闡明地球表面變化的最新研究表明：地殼底界往往也是起伏不平的。

　　許多有關洛夫波和雷利波的獨立的理論計算結果和實際觀測最終得以吻合，使我們可以估計構成大陸和洋殼岩石的彈性特徵。實際上大洋下的地殼很像是玄武岩薄板，最初由火山岩漿流動覆蓋在更深部的岩石上而形成。明確確認大陸和海洋地殼截然不同有深遠的地質意義，因為它在一個關鍵問題上支持了大陸漂移的觀點。

三、地函結構

　　從地殼底部到地函頂部，地震波速跳躍很大，說明地函頂部的物質和地殼不同。由於地函內部又存在410km和670km（全球平均）兩個地球二級速度間斷面，因此地函又可以進一步分為上部地函（410km以上），過渡層（410～670km之間）及下部地函（670km以下）三個層區。重力均衡現象要求上部地函要有可以沿水準方向流動的物質層，我們稱其為軟流層。軟流層以上至地面（包括地殼在內）稱為岩石層，岩石層內的物質不能沿水準方向流動。力學上的軟流層與地震學發現在上部地函內部存在的低速層，其含義和位置不一定符合，這是因為雖然軟流層是地質時間尺度的物質力學性質的描述，但在地震波測量的時間回應尺度內仍然可以表現為彈性回應。而地震波的速度是由介質的物質組成和溫度共同決定的。地球化學及地球內部物理學研究表明，過渡層的上、下介面可能是由於地球內部相關深度的溫度、壓力條件下發生礦物相變形成的。關於410km和670km速度間斷面的探測與研究，近年來已成為地震學與地球動力學研究的一個專題。全球地震活動圖像顯示，在700km以下，地球內部沒有發現地震活動。因此下部地函被認為是

板塊俯衝深度的終結層。下部地函的速度梯度較小，速度的變化也較為均勻。由於地函可以傳播S（剪切）波，地震學中通常視地函為固體。

四、地球液體核的發現

地震學歷史中探測工作最輝煌的成就之一是英國地質學家奧爾德姆（Oldham）發現地球的核。地核存在的直接證據最早來自奧爾德姆的地震學觀測，他於1906年將其成果發表於一篇著名的論文中。回顧奧爾德姆的發現，可讓我們更深入體會到地震學家是如何利用觀測的震相走時曲線，來推斷地球內部結構的。

奧爾德姆從幾個已知地震震源標繪出P波和S波的走時，並將其稱為第一相和第二相。圖4.4就是他原著中繪製的走時曲線。他注意到走時曲線上存在兩個重要間斷：第一個位於約130°震央距附近，我們現在定為P波的「第一相」到達，與曲線較早部分的趨勢相比，130°以後的到時平均延遲了約半分鐘。第二個間斷出現在現今定為S波的「第二相」中，它只能被跟蹤到120°，比這個距離更遠的S波到時要遲10分鐘或更長。他的論據利用圖4.4左圖所設計的簡單地震模型得以清楚地解釋。他說：「一直到120度距離的波都沒有穿過地核，在150度距離上波速明顯減小，表明在這個距離出露的波深深地穿過了地核。因為120度的弦能達到的最大深度為地球半徑的一半，因此推斷地核的半徑應該不超過地球半徑的0.4倍。」

我們現在知道，奧爾德姆對震相的正確識別存在一定困難，並且其計算也非常粗糙。如奧爾德姆畫的射線路徑是直線的，然而由於地球介質的彈性模量及地震波速度隨深度一般是增加的，射線實際是條向中心內凸的弧線。如果地球存在如奧爾德姆預言的核，那麼在核介面上一會產生P波及S波的反射波。更廣泛的地震波反射波觀察使德國的古登堡（Gutenberg）教授（1889～1960年）比奧爾德姆擁有更豐富的地震記錄，古登堡利用核函介面的反射波震相走時資料得出了比奧爾德姆更精確的核介面深度估計，1914

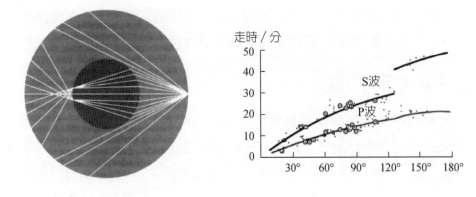

圖4.4　簡單的穿過兩層地球模型的路徑（左）和奧爾德姆繪製的P波和S波走時
　　　　曲線（右）

（引自Bruce A. Bolt, 2000）

年他首次估計出地核深度為2900km，他的估計結果經受了時間的考驗，現
代觀測對地核深度的估計值2891km與這一數值僅有幾公里的誤差。

　　在核函介面處，P波速度從13.72km/s下降為8.06km/s；S波速度從
7.26km/s下降為0。速度的突然變化說明地核的物質組成和狀態與地函不
同。核函介面不僅是物質間斷面，且可能還是溫度間斷面。

五、地球內核的發現

　　丹麥地震學家英格‧萊曼（Inge Lehmann）於1936年首次發表論文說，
在外核之內有一月亮大小的內核，這一結論被以後的觀測進一步證實。萊曼
曾在丹麥第一所男女合校上學，當時不尋常的是她被鼓勵獻身科學事業，像
她後來回憶的那樣，在她的學校裏「沒有人認為男女之間智力有差別，而以
後我理解到在社會中一般對婦女的態度並非如此時感到失望」。從哥本哈根
大學數學和物理學專業畢業之後，她於1925年開始從事地震學工作，1928年
她被任命為哥本哈根皇家丹麥大地測量研究所地震學部主任，並一直擔任這

一職務到1953年退休。

　　哥本哈根的位置適合於記錄太平洋地震帶上大地震產生的通過地球核心的地震波。萊曼利用這個優勢獲得了讀取具有這些波的地震圖的可觀經驗，並巧妙地應用科學方法取得了決定性成果。

　　當她研究記錄太平洋地震的地震圖時，發現不能用地球內部一般的模型解釋地震波。這種波的一個例子在圖4.5中以箭頭標示。萊曼認為如果該波是從小的地球內核反射出來的，其到時就能夠得到解釋。

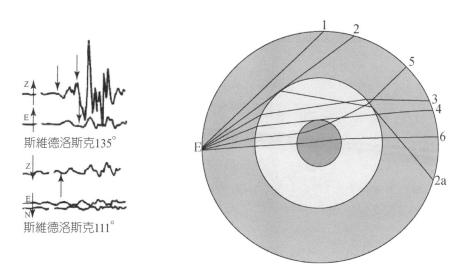

圖4.5　英格・萊曼論文中引用的兩幅俄國地震站記錄的新西蘭地震的地震記錄
　　　　圖（左）和簡單穿過三層地球模型的地震波路徑圖（右）
（引自 Bruce A. Bolt, 2000）

　　萊曼提出了幾個步驟以論證支援她的結論。她首先設想了一個由單一地核和地函組成的簡單的兩殼模型，接著進一步設想P波以恒速10km/s通過地函，以8km/s穿過地核。這些速度是兩區速度的合理平均值。然後她引入一個小的中心核，也具有恒定P波速度。她的簡化假定允許她把地震射線看

做直線，像奧爾德姆做的那樣，這使她可用初等三角去計算這個模型的理論走時。她假設早至核波是從一假設的內核反射的，然後她連續進行計算，發現可以找到合理的內核半徑，使早至核波觀測到時與模型預期走時相一致，這個內核的半徑約為1500km。反射的波在震央距小於142度的地震觀測台出現，預測的走時與實際觀察到的接近。萊曼把這些結果發表在題為「P'」的論文中，這是地震學中題目最短的論文之一。她在文章中小心地陳述，但並沒有「證明」內核的存在，卻提出了一個很可能是正確的模型。

■第二節　地球內部的圈層結構

根據地震體波的走時、視速度、振幅資料以及（表）面波的頻散，可以計算地球內部P波和S波速度隨深度的分佈。它們獨立地提供了地球內部分層的資料，地球內部的其他參數多係根據速度分佈的資料推導出來的，因此討論地球內部的速度分層是十分必要的。根據地震波速度的不同，地球可分為地殼、上下地函和內外地核等幾個大構造單元。其中，殼函介面、函核介面、內外核介面和上下地函之間的過渡層，是十分明顯的。

(1) 殼函介面

在地下30～60km深度處，縱波速度從6～7km/s，跳到8km/s以上，它是地殼與地函的分介面。這個介面是莫霍洛維奇在1909年研究Pn震相時提出來的，因此，該介面又稱為莫霍面（M介面）。

(2) 函核介面

在地函內，速度隨深度而增加。在大約2900km處，P波速度突然從13km/s下降到8km/s左右，出現地球內部第二大間斷面。這是古登堡在1914年首先較精確地計算出其深度的，因此該介面又稱為古登堡面（G介面）。

(3) 內外核分介面

從2900km以下進入地核，縱波速度逐漸回升，橫波速度因橫波不能通

過而恒爲零，直到大約5000km，橫波才出現，縱波速度也有明顯跳躍，成爲地球內部的第三大間斷面。這是萊曼在1936年首先發現的，可記爲L介面。

(4) 上下地函的過渡層

從1956年開始，布倫對地函做了進一步分層的研究，認爲地函由上部地函（與20°走時曲線的間斷相聯繫）、過渡層（速度變化不均勻）和下部地函（速度變化均勻）組成。

上述地球分層，即主要單元的劃分，從20世紀開始至50年代已大體確定，如圖4.6所示：A（地殼），B（上部地函），C（過渡層），D（下部地函），E（外核），F（間斷面），G（內核）。

最近幾十年，對地球結構的認識逐步深入，在橫向變化、非彈性和各向異性等諸方面深入發展，地球模型逐漸發展和完善。在地球分層模型的發展過程中，曾先後出現：佐普列茲-蓋格模型，傑佛瑞斯模型，古登堡模型，布倫模型，安德森-哈特模型以及初步地球參考模型（PREM）。布倫模型和初步地球參考模型，使用較廣，下面予以簡要說明。

一、布倫的地球分層模型

布倫根據圖4.7所示的傑弗瑞斯-古登堡速度分佈特徵，將地球分成A、B、C、D、E、F、G七層；後來，又根據新的資科，將D分成D'和D"，形成八層（表4.1）。

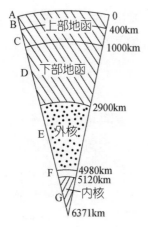

圖4.6 地球分層模型

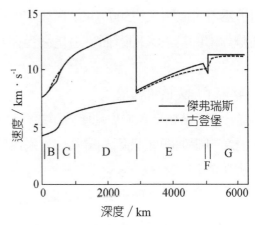

圖4.7 傑弗瑞斯和古登堡的地球內部速度分佈曲線

表4.1 布倫的地球分層模型

名稱	區域		深度範圍 / km	速度特徵
地殼	A		0～33	複雜
莫霍面			33	
地函	上部地函	B	33～410	梯度正常
		C	410～1000	梯度較大
	下部地函	D'	1000～2700	梯度正常
		D"	2700～2900	梯度近於零
古登堡面			2900	
地核	外核E		2900～4980	P波梯度正常
	過渡區F		4980～5120	不詳
	內核G		5120～6371	梯度很小

　　根據這些速度模型，利用計算參數方法，可以算出密度ρ、壓力P、重力加速度g、體變模量K和切變模量μ。

各地區的地殼構造差別很大，地殼內部沒有全球性的介面。莫霍面在大陸和海洋都存在。正常的莫霍面速度為8.0～8.3km/s，但是在活動構造帶上，莫霍面的速度較正常數值低得多，有時甚至小於7.8km/s。自莫霍面至深度1000km左右稱為上部地函，它的橫向變化也相當複雜。在D'層中，P波和S波的速度梯度是正常的，而且很穩定，該層的化學組成可能是均勻的。在D"層中，速度梯度接近於零，布倫認為，該層的化學組成是不均勻的，密度梯度較正常的變化約大三倍。P波通過函核介面後，速度陡降；而S波不能通過外核。綜合不同地球物理資料的結果，可知外核屬於液態性質，而內核則屬於固態性質。布倫模型主要是根據體波（縱波和橫波）速度資料制定的。所得結果，在主要特徵上，至今依然是有價值的。

二、初步地球參考模型（PREM）

1980年5月，國際地球標準模型委員會推薦傑旺斯基和安德森教授提出的初步地球參考模型（PREM），如圖4.8所示，作為當前國際上臨時的地球參考模型，供有關學科參考。這個模型在1981年的第21屆國際地震學和地球內部物理學委員會（IASPEI）正式通過。

PREM主要使用了天文—大地測量、地球自由振盪和地震（表）面波及體波的資料。基於地球內部的主要層（區），如：海洋，上、下地殼，低速層，410km間斷面，670km間斷面，下部地函，外核和內核，在對週期為1s的地震體波建立模型的基礎上，引入P波，S波，介質密度，P波吸收衰減，S波吸收衰減5個變數，建立起P波速度，S波速度，密度和吸收相應於初始模型的擾動量方程，反演求出擾動量並疊加到初始模型上，求得新模型，經反復迭代得到最終滿足要求的數值模型。模型分層見表4.2。

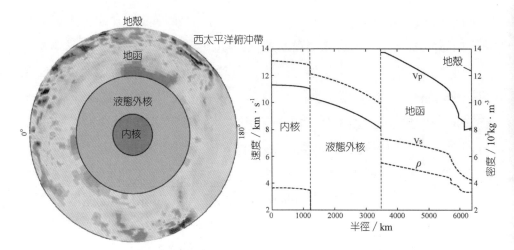

圖4.8　地球的內部速度結構示意（左）及地球1維速度結構參考模型（PREM，
右）

表4.2　PREM模型的分層

分區	h/km	VP/km·s⁻¹	VS/km·s⁻¹	ρ /g·cm⁻³	Q_μ
海洋	0～3	1.4500	0	1.0200	0
地殼	3～15	5.8000	3.2000	2.6000	600
	15～24	6.8000	3.9000	2.9000	
蓋層	24～80	V_{PV}: 0.8317 + 7.2180x V_{PH}: 3.5908 + 4.6172x	V_{SV}: 5.8582−1.4678x V_{SH}: −1.0839 + 5.7176x	2.6910 + 0.6924x	
低速層	80～220	同蓋層	同蓋層	同蓋層	80
過渡層	220～400	20.3926−12.2569x	8.9496−4.4597x	7.1089−3.8045x	143
	400～600	39.7027−32.6166x	22.3512−18.5856x	11.2494−8.0298x	
	600～670	19.0957−9.6872x	9.9839−4.9324x	5.3197−1.4836x	
下部 地函	670～771	29.2766−23.6027x + 5.5242x² −2.5514x³	22.3459−17.2473x −2.0834x² + 0.9783x³		

分區	h/km	VP/km · s^{-1}	VS/km · s^{-1}	ρ /g · cm^{-3}	Q$_\mu$
下部地函	771～2741	24.9520−40.4673x + 51.4832x^2−26.6419x^3	11.1671−13.7818x + 17.4575x^2−9.2777x^3	7.9565−6.4761x + 5.5283x^2−3.0807x^3	312
	2741～2891	15.3892−5.3181x + 5.5242x^2−2.5514x^3	6.9254 + 1.4672x −2.0834x^2 + 0.9783x^3		
外核	2891～5150	11.0487−4.0362x + 4.8023x^2−13.5732x^3	0	12.5845−1.2638x −3.6426x^2−5.5281x^3	0
內核	5150～6371	11.2622−6.3640x	3.6678−4.4475x	13.0885−8.8381x	85

注：表中$x = r/R$，r爲半徑，$R = 6371$，即x爲歸一化半徑。

■第三節　反演問題

在實現他們開創性工作的過程中，奧爾德姆和萊曼解決了科學中所謂的「正演問題」。按專門術語描述就是，他們提出地球的初始假定模型，限定內邊界的半徑，並假定可能的地震波速度，然後用簡單的公式，如「速度等於距離除以時間」，去預測理論走時，預測值可以和觀測走時比較。這種類型的問題被稱之爲正演問題。是因爲首先假定了地球內部的性質爲已知，然後從這些性質去預測何時能在地球表面觀察到這些波。在他們論證的第二階段，採用試錯法去改進模型以提高與觀測結果之間的吻合程度。

事實上，地球深內部的遙測問題必須用「正演」和「反演」兩種方法加以論證解決。地震學家一開始往往先用觀測走時給出距離，並由此推導出速度分佈以及地質構造。這種類型的問題是「反演問題」。醫生診斷就是一個生活中的反演問題：醫生是根據病人的病徵來推斷其病因的。另一個典型的例子是對地震斷裂源的研究：如果已知沿一活斷層分佈有粗糙障礙區，經過簡單計算就可給出在地表的地震記錄圖；但事實上我們並不直接知道粗糙

面，必須從地面強震儀記錄的地震波形作反推。在許多科學領域都會遇到此類問題，它構成了現代科學工作中極具魅力的因素。

地震波傳播理論與地球內部結構地震學探測是地震學中相互依存、相互促進的兩個研究方向。從簡單的震相到時計算到複雜的理論地震記錄圖合成都必須瞭解地震波所傳播的地球介質的速度結構。同樣，我們對地球結構的認識來源於地震波記錄。地震學按波的性質與波的傳播路徑，對各種類型的地震波（或稱震相）都用簡單的統一符號標記。

在地震記錄圖上可清楚看到不同時間到達的子波列，我們稱之爲震相。震相是地震記錄圖上顯示的震動特徵不同（如P波、S波）或傳播路徑不同的地震波組。各種震相在到時、波形、振幅、週期和質點運動方式等方面都各有其自己的特徵。震相特徵取決於震源和傳播介質的特性。由於這些波組都有一定的持續時間，所以相鄰震相的波形互相重疊，產生干涉，使地震記錄圖呈現出一幅複雜圖形。地震學的任務之一就是分析、解釋各種震相的起因和物理意義，並利用各種震相走時曲線推測地球內部的速度結構。地震震相的識別與分析是地震學研究中最爲基礎的工作，透過搜集大量不同震央距地震站記錄的各震相到時資料，Jeffreys 1939年發表了地球內部結構P波和S波的速度分層模型，Bullen 1940年提出地球的密度分佈模型。依據大量震相走時資料制定的Jeffreys-Bullen全球地震波震相平均走時表，在全球地震定位中應用了近70年，其預測的地震震相理論走時與實際觀測結果間的相對誤差小於1%，迄今仍作爲地震定位及地球速度結構橫向不均勻性研究的標準參考模型，發揮著重要作用。

用於確定地球內部深部構造的基本方法是，解釋測得的地震波走時曲線，求解通過地球的平均地震波速度。球對稱的地球模型被作爲一階近似模型，這一模型假定P波和S波的速度僅是地球半徑的函數，從而大大簡化了計算。該方法應用20世紀30年代確立的有效的數值方法計算，從走時曲線求出作爲半徑r的函數的P波或S波速度$v(r)$的變化。其數學方法與光學或聲學中

的反演方法相似。因為這些速度與它們穿過的岩石的密度和彈性性質呈定量相關，地球內岩石平均密度和穿過它們運行的P波和S波速度隨深度的變化曲線提供了推斷在地球內部構造的有效方法。

■ 第四節　地震層析成像與地球內部三維結構

我們已經知道地震是如何被用來探測地球深部構造：地函和外、內地核。由此得到的地球圖像是具有同心殼的球對稱構造。雖然它是簡化的，但該圖是理解地球的歷史和演化的必要基礎。而地球的表面和地殼當然絕非是徑向對稱的，也就是說沿通過地殼的不同截面它們具有不同特性。因為這個原因和其他原因，我們可以預期或許在很深處岩石性質也有橫向變化。為了獲得地球內部完整的結構圖，我們需要從二維過渡到全球三維圖像。

在過去的30年裏，在解釋橫向變化，特別是上部地函裏和圍繞地核的橫向變化中取得了突出進展。地質學家們甚至發現了地球內核的非對稱性跡象。這些激動人心的發展已使奧爾德姆、傑佛瑞斯、古登堡和萊曼這些早期地球物理學家們的夢想成真，是通過環球適當佈設的地震站網的合作使之得以實現的。這樣一個數位儀器台網至少在全球陸地表面已大部分到位了，它能夠以寬頻記錄到全球大於規模6的地震。

一種學科的發展常借助於其他科學領域的工藝和分析技術，在應用地震去探測地球的深內部時也是如此。我們所用到的強有力的新探索方法叫層析技術，它曾首先在醫學上用於觀察人體，在工程上用以研究物質內部的缺陷。在現代醫學中，醫生們用這個技術去取得體內異常生長的圖像，並把它命名為CAT掃描，指的是「電腦化的軸層析技術」。感測器放在人體的一側，X射線或其他粒子源放在另一側，接收到的強度反映了人體內密度變化或人體組織吸收影響射線的方式。相似地，在地球物理中地震產生波，這些波通過地球內部之後由地球表面的地震站觀測。

　　在準備為偵測器官異常變化掃描人體時，醫學層析者會把源和探測儀精心佈設在器官周圍。與醫學同行不同，地震學家不能控制探測的源，他們必須利用那些發生在地球上有限地區的大地震。不過，這兩種技術基本上很相似。兩種情況都是波從源到接收器通過其間的構造傳播，從波的性質去再造內部構造的數學影像。地震學家獲得了深深穿透的P波和S波及在地球表面沿不同途徑傳播的（表）面波。

　　最近30年來全球數位地震觀測技術的發展及觀測台網的大量建設，地震學家們積累了大量高品質的地震波走時資料及數位波形記錄，使地球三維速度結構的反演研究取得了長足的發展。

　　目前地震成像方法在資料處理時分為兩組：波速分析和地震偏移。波速分析的目的是反演地球內部介質的波速結構。波速分析的方法主要包括有：體波走時層析成像（圖4.9）、（表）面波層析成像及接收函數法等。地震偏移的目的是繪出波阻抗比圖，是勘探地震學的主要內容，這裏不作介紹。

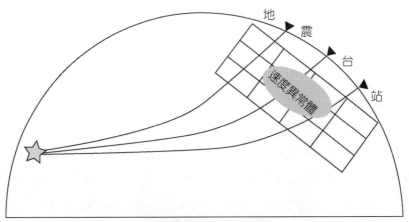

圖4.9　體波走時層析成像原理示意圖

　　體波走時層析成像是當前最常用的地震層析成像方法之一。其基本思路是根據穿過模型中每個位置的地震射線的路徑和走時，反演出模型的波速。

　　用三維層析方法透視地球內部獲得地質科學發現具有重要意義。過去的地球物理性質模型僅限於球對稱的情況，現在這一約束已被打破，最明顯的進展實例是漸漸能描繪地球內部的大型對流環。為了進一步提高層析分辨能力，需要在全球設置更多的寬頻帶數位化地震儀，特別是在深海地區，在那裏現今還無記錄台站。我們完全可以預期，在不久的將來我們能更好地認識地球內部的流動圖像。

思考題

1. 試述丹麥地震學家英格·萊曼發現地球內核的思路。
2. 地震學中爲什麼把地函視爲固體？

第五章

地震機制

　　19世紀末，許多人認爲，火山作用是地震的首要原因，也有一些人傾向於地震源於高大山脈造成的巨大重力差。在20世紀初地震站網建立之後，地震活動的全球性監測得以實現，人們發現許多大地震發生之處遠離火山和山脈。地震的野外考察中發現地面斷裂非常大，這些斷層可以從地形沿線狀系統變形而被識別。19世紀末地震學家已經認識到地震與造成地球表層廣泛變形的構造過程密切相關，這些變形也創造了山脈、裂谷、洋脊和海溝。科學家推測，地表岩石的大規模迅速錯動是強烈地動的原因。他們的推斷很快發展成理論，大多數地震發生的機制已經被發現。現在，認爲天然淺震有同樣成因。地球深層構造力造成地球外層大規模變形是地震的根源。沿地質斷裂的突然滑移則是地震波被激發進而能量輻射的直接原因。

■第一節　斷層

　　斷層（fault）是沿破裂面兩側岩塊發生顯著相對位移的斷裂構造。斷層規模大小不等，大者沿走向延伸數百公里，常由許多斷層組成，可稱爲斷裂帶；小者可以在公尺甚至更小的量級。但都破壞了岩層的連續性和完整性。斷層展示的特性形形色色。它們可能是僅具有很小的可見位錯的清晰的裂面，也可能是岩石的擴展破碎帶，幾十或幾百公尺寬，這是沿斷裂帶不時重複運動的結果。斷層一旦形成，它往往成爲持續應力作用下繼續變位的場所，這可由斷面附近的碎裂岩泥質物所證實，斷面上的大多數岩體含有曾發生岩石變位造成的豐富的破裂。在斷層帶上往往岩石破碎，易被風化侵蝕。斷裂帶中的岩石可在若干地震過程中被非常細地挫碎和剪切，使它變成一種塑性黏土物質，叫斷層泥。這種物質強度小，以致彈性能量不能像在較深的脆彈性岩石中那樣存儲。沿斷層線常常發育爲溝谷，有時出現泉或湖泊。在地貌上，大的斷層常常形成裂谷和陡崖，如著名的東非大裂谷、中國華山北坡大斷崖。

是什麼力量導致岩層斷裂錯位呢？原來是地殼運動中產生強大的壓力和張力，超過岩層本身的強度對岩石產生破壞作用而形成的。岩層斷裂錯開的面稱斷層面。兩條斷層中間的岩塊相對上升，兩邊岩塊相對下降時，相對上升的岩塊叫地壘；常常形成塊狀山地，如中國的盧山、泰山等。而兩條斷層中間的岩塊相對下降、兩側岩塊相對上升時，形成地塹，即狹長的凹陷地帶。中國的汾河平原和渭河谷地都是地塹。

一、幾何要素

斷層由斷層面和斷盤構成。斷層面是岩塊沿之發生相對位移的破裂面。斷盤指斷層面兩側的岩塊，位於斷層面之上的稱爲上盤，斷層面之下的稱爲下盤，如斷層面直立，則按岩塊相對於斷層走向的方位來描述。斷層兩側錯開的距離統稱位移。按測量位移的參考物的不同，有眞位移和視位移之分，眞位移是斷層兩側相應點錯開的距離，即斷層面上錯斷前的一點，錯斷後分成的兩個對應點之間的距離，稱爲總滑距；視位移是斷層兩側相應層錯開的距離，即錯動前的某一岩層，錯斷後分成兩對應層之間的距離，統稱斷距。

地震斷層通常用斷層的走向φ_S、傾角Δ兩個幾何參數來描述，二者規定了斷層的產狀。按目前國際上常用的描述方法，這些參數的定義是：

走向φ_S：斷層面與水平面交線的方向，但此交線有兩個方向，爲唯一確定起見，按以下原則確定其中之一爲斷層的走向：人沿走向看去，斷層上盤在右。走向用從正北順時針量至走向方向的角度φ_S來表示，$0° \leq \varphi_S < 360°$。

傾角Δ：斷層面與水平面的夾角。$0° < \Delta \leq 90°$。

二、分類

通常按斷層的位移性質分爲：①上盤相對下降的正斷層。②上盤相對上升的逆斷層。斷層面傾角小於30°的逆斷層又稱逆衝層。正斷層和逆斷層

的兩盤相對運動方向均大致平行於斷層面傾斜方向，故又統稱爲傾向滑動斷層。③兩盤沿斷層走向作相對水準運動的平移斷層，又稱走向滑動斷層（簡稱走滑斷層）（見圖5.1）。

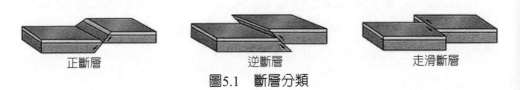

正斷層　　　　　　　　　逆斷層　　　　　　　　　走滑斷層

圖5.1　斷層分類

　　當然，現實中斷層很少是純正斷層、逆斷層或者走滑斷層，通常它們同時具有水準和垂向運動分量，我們稱之爲斜滑斷層，也稱爲斜向斷裂。有些斷裂面沒能從基岩穿透上覆土壤，因爲近地表的土壤吸收了差異滑移。這時只能通過挖探槽或切開隱伏斷崖才能探測出斷層。

　　野外認識斷層及其性質的主要標誌是：①地層、岩脈、礦脈等地質體在平面或剖面上突然中斷或錯開。②地層的重複或缺失，這是斷層走向與地層走向大致平行的正斷層或逆斷層常見的一種現象，在斷層傾向與地層傾向相反，或二者傾向相同但斷層傾角小於地層傾角的情況下，地層重複表明爲正斷層，地層缺失則爲逆斷層。③擦痕，斷層面上兩盤岩石相互摩擦留下的痕跡，可用來鑒別兩盤運動方向進而確定斷層性質。④拖曳構造。斷層運動時斷層近旁岩層受到拖曳造成的局部弧形彎曲，其凸出的方向大體指示了所在盤的相對運動方向。⑤由斷層兩盤岩石碎塊構成的斷層角礫岩、斷層運動碾磨成粉末狀斷層泥等的出現表明該處存在斷層。此外還可根據地貌特徵（如錯斷山脊、斷層陡崖、水系突然改向）來識別斷層的存在。

　　斷層是常見的斷裂構造，在尋找固體礦床，分析石油、天然氣和地下水的運移和儲集以及評價大型工程地基穩定性等，斷層的研究都具有重要的經濟價值和實際意義。斷層對地震學家來說特別重要，因爲地殼斷塊沿斷層的突然運動是地震發生的主要原因。科學家們相信：他們對斷層機制研究越深

入，就能越準確地把握地震的機理，從而預報地震，甚至控制地震。

■ 第二節　彈性回跳原理

地函的迴圈對流使地震活動區的岩石產生變形，隨時間增加變形逐漸增大。這種變形的時間尺度大，起碼在大約千年尺度以上，屬於彈性變形。所謂彈性變形，是指應力撤銷時岩石恢復到初始狀態。塑性形變不能恢復到初始狀態。

不同的測量方法表明，在地震活動區，地面水準和垂直運動都達到了可觀測到的量級。與地震有關的區域變形測量的最重要的結果可能來自加州，在那裏科學家自1850年就開始、1906年舊金山地震後定期進行測量，其測量成果在現代地震發生的理論中起著關鍵作用。近二十年來沿聖安德列斯斷裂系的測量已有進一步改進，並試圖用之於地震預報的探索研究。

現今廣為接受的地震發生的斷裂破裂機制的物理學原理，是由對1906年舊金山地震的斷層聖安德列斯斷裂的確鑿研究確立的。美國工程師裏德（Reid）注意到，到1906年的50年期間斷裂對面的遠點移動了3.2m，西側向北北東方向運動。地震前和地震後，平行於聖安德列斯斷裂的破裂都發生了明顯的水準剪切。

如圖5.2所示，那些造成1906年地震的力畫在圖解中。想像這一圖解是垂直地橫過聖安德列斯斷裂的一排籬笆的鳥瞰圖。該籬笆垂直穿過該斷層，在兩側延伸許多公尺。用空箭頭表示的構造力作用使彈性岩石應變。當它們緩慢地作功時，該線（籬笆）彎曲了，左側相對右側錯動。這種應變作用不能無限地持續，那些軟弱岩石或那些位於最大應變點的岩石遲早要破裂。這一破裂後將接著發生彈回，或在破裂的兩側回跳。這樣在圖5.2中斷裂兩側的岩石中的 D 回跳到 D_1 和 D_2。圖5.3示出1906年地震斷層破裂之後橫過斷層的籬笆被錯動的情況。

1910年，里德提出了彈性回跳理論。該理論最初被用來解釋1906年美國舊金山地震的機制，並作爲地震孕育的重要模型之一。彈性回跳理論的主要論點包括：

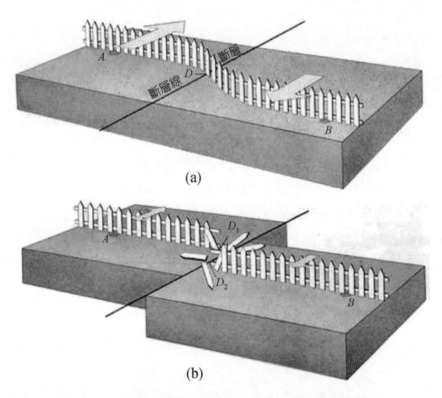

圖5.2　跨斷層的籬笆當斷裂彈性回跳時造成的結果

(a)構造力作用下橫過斷層的籬笆發生彎曲，A點和B點向相反方向移動；(b)在D點發生破裂，在斷裂兩側的應變岩石彈回到D_1和D_2

圖5.3　1906年舊金山地震時，在海濱地區跨聖安德列斯斷裂的籬笆錯動了
　　　　2.6m，遠處的土地向右移動

　　(1) 造成構造地震的岩石體破裂是由於岩石體周圍地殼的相對位移產生
的應變超過岩石強度的結果；

　　(2) 這種相對位移不是在破裂時突然產生的，而是在一個比較長的時期
內逐漸達到其最大值的；

　　(3) 地震時發生的唯一物質移動是破裂面兩邊的物質向減少彈性應變的
方向突然發生彈性回跳。這種移動隨著破裂面的距離增大而逐漸衰減，通常
延伸僅數公里；

　　(4) 地震引起的振動源於破裂面。破裂起始的表面開始很小，很快擴展
得非常大，但是其擴展速率不會超過岩石中P波的傳播速度；

　　(5) 地震時釋放的能量在岩石破裂前是以彈性應變能的形式儲存在岩石
中的。

　　圖5.4是常見的說明彈性回跳理論的示意圖。

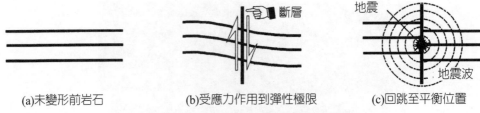

(a)未變形前岩石　　　　(b)受應力作用到彈性極限　　　(c)回跳至平衡位置

圖5.4　地震斷層的彈性回跳理論

　　1910以後，彈性回跳作為構造地震（斷層地震）的直接原因。像鐘錶的發條上得越緊一樣，岩石的彈性應變越大，存儲越大的能量，當斷裂破裂、地震發生時，儲存的應變能迅速釋放，大部分應變能轉化為熱能，克服摩擦力而消耗掉了，只有百分之幾的應變能轉化為地震波能量。地震效率是指一次地震央地震波釋放的能量在整個應變能中所占的比例，其值等於地震波能量除以地震能。地震效率的數值一般比較小，約為7.5%～15%。

　　地震的前震和餘震也能通過研究主滑動附近的裂縫發育過程而得到解釋。前震是沿斷裂的應變和破裂物質中的微細破裂結果，而那時主斷裂並沒有發展，因為物理條件尚未成熟。前震央的有限滑動稍微改變了力的格局。斷層中水的運動和微裂隙的分佈，使一個更大破裂開始了，形成主震。主破裂岩塊的運動及局部生熱導致沿斷裂的物理條件與主震以前相比有很大不同，其結果是斷層體系內的一些小斷裂發生了，造成一系列餘震。最後，該區的應變能逐漸降低，在一段時間後恢復穩定。

　　彈性回跳理論提出後，地震學界普遍認為，天然地震是地球上部沿一地質斷裂發生突然滑動而產生的。存儲的彈性應變能使斷裂兩側岩石回跳到基本平衡的位置。在通常情況下，變形的區域越長、越寬，釋放的能量就越多，構造地震的規模也就越大。

　　彈性回跳理論只是一個理論模型、一種假說，真實的地震過程可能相當複雜。許多複雜因素使得形變迴圈的過程不可預測，如：斷層強度和介質結

構的變化，斷層相互作用等。地震的觀測是間接的，各種因素相互耦合並交織在一起，很難把它們分開。

■第三節　震源機制解

震源物理是研究地震孕育、發生的物理過程及相關物理現象。由地震震源激發並經過地球介質傳播至地震站的地震波，攜帶著地震震源及地震波傳播路徑上地球介質兩方面的資訊。我們利用地震波記錄既可以反演地球內部介質的結構，又可以反演地震的震源參數。

預測地震先要認識地震發生的物理過程。里德在1910年就提出了關於地震成因的彈性回跳學說，1923年日本地震學家中野廣首先發現地震記錄的地面初動四象限分佈，並由此發展了地震震源的無矩雙力偶（Double-couple）點源模型，20世紀50年代前蘇聯科學家提出了地震震源的等效位錯理論，這些成果是開展地震震源參數測量的理論基礎，也是地震學中震源物理研究中取得的最重要的進展。有限尺度震源破裂的物理過程研究是當前震源物理研究的重要課題。寬頻帶數字地震觀測為我們開展震源破裂運動學反演研究提供了較好的資料基礎，也為開展震源斷層破裂動力學研究提供了較好的觀測約束。

震源機制解（又稱地震機理）習慣指斷層方位、位移和應力釋放模式以及產生地震波的動力學過程。鑒於地震機理的研究尚處於探索階段，目前還屬於推斷性認識，一般採用各種震源模型進行解析，一種是點源模型，另一種是非點源模型。前者根據點源作用力的不同，又進一步劃分為單力偶震源模型和雙力偶震源模型；非點源模型也劃分為有限移動震源模型和位元錯震源模型兩種。以上震源模型，在分析求解後，提供兩組力學參數，一組為斷層面走向、傾向和傾角；另一組為最大主應力軸、最小主應力軸和中等主應力軸的方位和產狀。

　　一次地震發生後，透過對不同的地震站所接受到的地震波信號進行數學分析，即可求出其震源機制解。震源機制解不僅可以使人瞭解斷層的類型（是正斷層、逆斷層還是走滑斷層），而且可以揭示斷層在地震前後具體的運動情況。

　　要求出震源機制解，需要的資料有到達各觀測台站的地震波的方位角、入射角和P波初動的類型（壓縮或舒張）。可以用一幅圖把一個觀測台站記錄到的這三個資料都顯示出來，在圖上，以一個圓中的角度表示方位角，以構成其旋轉邊的線段的長度表示入射角，在這條線段的末端以「+」或「-」號表示P波初動的類型。

　　把若干不同的台站的這些資料匯總在一起，即可求出震源機制解。

　　圖5.5在平面上表示一個垂直斷層FF上的純粹水平運動。箭頭表示斷層兩盤彼此相對運動。直觀地想像，地震波到達時，箭頭前方的點最初應當是受到推動，或者說受到了壓縮；而箭頭後方的點應當是受到拉伸，或者說朝震源發生了膨脹。這時，在垂直方向的運動則分別表現爲向上和向下，而在水平方向的運動則分別是離源和向源。通常以C（或+）表示初動是推、壓縮、向上或離源，而以D（或-）表示初動是拉、膨脹、向下或向源。在這種情況下，震源附近的區域被斷層面FF和與之正交的輔助面AA分成四個象限。在這些象限裏，P波的初動方向交替地是壓縮或膨脹。FF和AA都是節平面，在這些面上，P波的初動爲零。

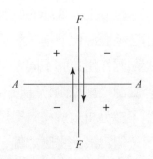

圖5.5　由一個垂直斷層*FF*的純水平運動產生的壓縮和膨脹的分佈

　　P波初動一直被用來確定雙力偶點源的震源機制解。與其他複雜的反演方法相比，優點是只需要有垂向記錄的儀器，而不需要考慮振幅效應。在檢測到波的到時，很容易在地震記錄圖上標出P波初動方向向上或者向下，P波初動確定了地震射線是在壓縮象限離開震源（初動向上）還是膨脹象限離開震源（初動向下）。我們把這些結果展示在一個以震源為球心、表明射線出射性質的虛擬的小球上，這個小球叫震源球。之所以通常只畫出震源球的下半球，是因為在遠距離的多數地震射線離源時朝下。因為震源球是球心對稱的，向上的P波初動完全可以畫在相反方向的下半球相應的點上。

　　得到足夠多觀測結果以後，震源球就可以顯示出壓縮和膨脹象限，同時也在球內顯現出兩個過震源且相互正交的平面，這兩個平面和震源球交的兩個大圓的水準投影就能確定震源機制解。

　　由P波初動符號的分佈可以求得兩個互相垂直的節平面，但是單用這個方法，無法知道哪個節平面是真正的斷層面。判斷哪一個節平面是斷層面，一般有下述方法：

(1) 依據極震區等震線的長軸方向來確定斷層面；

(2) 依據大地測量資料來確定斷層面；

(3) 依據前震和及餘震分佈來確定斷層面；

(4) 利用S波偏振方向來確定斷層面；

(5) 利用有限移動源位移譜來確定斷層面。

　　震源球可以表示震源機制解。畫出下半球，把壓縮象限畫為陰影，給出「沙灘球」（beach ball）圖示（見圖5.6），運用「沙灘球」可以很方便地把震源機制解的各參數表示出來。注意陰影區表示P波射線從震源向下離開震源，向外的初動在接收器上產生向上的初動，而非陰影區會導致接收器上產生向下的初動。拉張（T）軸在陰影區（壓縮象限）中部，壓縮（P）軸在非陰影區（膨脹象限）中部。拉張軸在壓縮象限，是由於在這種情況下，壓縮歸因為P波初動指向朝外。用「沙灘球」圖中的中部是白色的還是黑色

的來識別是正斷層還是逆斷層：如果中部是白色的、有黑色的邊緣，那麼就表示正斷層和可能的拉張區；反之，中部是黑色的、有白色的邊緣，則表示逆斷層或逆衝斷層和可能的壓縮區（見圖5.7和圖5.8）。

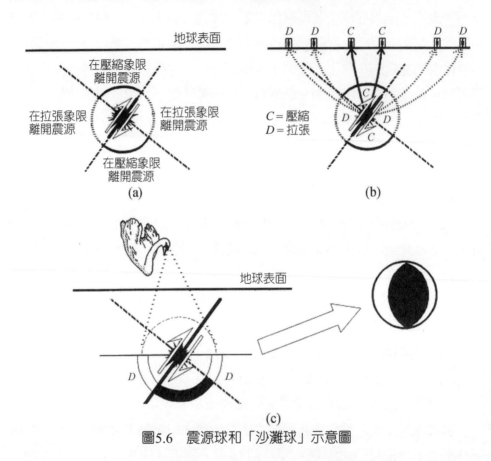

圖5.6 震源球和「沙灘球」示意圖

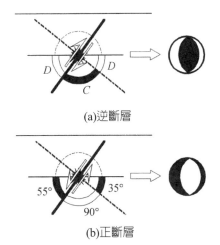

(a)逆斷層

(b)正斷層

圖5.7　逆、正斷層「沙灘球」示意圖

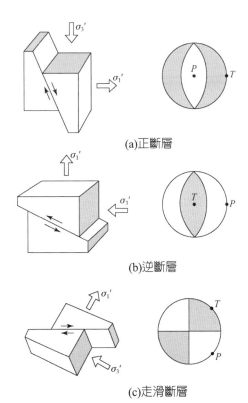

(a)正斷層

(b)逆斷層

(c)走滑斷層

圖5.8　正、逆及走滑斷層「沙灘球」示意圖

　　至於斷層面走向、傾向和傾角的表示，讀者可以參閱其他書籍，本書不作介紹。

■第四節　板塊構造學說

　　地球最上層約不到100km的厚度是一層帶有彈性的堅硬岩石，叫做岩石層，或叫岩石圈（從希臘文lithes，「岩石」譯來的）。岩石層可以發生脆性斷裂。它下面的介質，強度較小，在長時期的構造應力作用下，可以發生流變，叫做軟流層，或叫軟流圈（從希臘字asthenia，「弱」譯來的）。軟流層的下界可以達到二三百公里的深度。岩石層被一些狹窄的地震活動帶所割裂，形成了為數不多的板塊。板塊之間可以做相對運動。板塊構造學說（hypothesis of plate tectonics）認為：地球上層的大地構造運動和地震活動主要是這些板塊相互作用的結果。板塊的變形主要發生在它們的邊界部分，板內的變形相對來說是次要的，主要是大範圍的造陸運動。一個板塊可以同時包括海洋和大陸，它的邊界不一定是海、陸的分界。這個學說是在20世紀60年代後期提出來的，一經提出立刻引起了許多學者的重視，幾年之內就成為全球地學工作者的重要論題。利用這個學說可以很自然地解釋地學中若干疑難的課題，但同時也提出了一些新問題，極大推動了地學的進步。板塊構造學說的提出不是偶然的，它經過了五六十年的孕育階段。它以大陸漂移學說為前驅，以海底擴張學說為基礎，通過國際上地函計畫所積累的豐富資料，最後才產生出這個新的概念。大陸漂移、海底擴張和板塊構造是整個地球大地構造活動過程的三部曲。

一、大陸漂移

　　長久以來，許多地質學家都認為自有地質記錄以來，海、陸的發展和地球上部的運動主要是隆起和沉降的交替，以垂直運動為主，水平運動是次要

的。海洋盆地和大陸基本上是不動的，它們的變遷只是海浸和海退的問題。這種觀點叫固定論。另外一些學者則認爲地球上部不但有垂直運動，而且有水準運動，甚至更大。地球決不是僵化不變的，而是一個充滿活力的星體。這種觀點叫做活動論。

大陸間相對移動的概念可追溯到20世紀以前，但直到1912年德國天文、氣象、地球物理學家魏格納（Wegener, Lother Alfredr, 1880－1930）才第一個對大陸漂移作系統論述。1915年他在負傷休假期間，出版著作《海陸起源》（*The origin of the continents and oceans*），更系統地闡述了大陸漂移的理論。該書連續再版，1922年第三版，1924第四版；每版都對全書做了校訂，並增加了新的資料。一般認爲第三版已經完成大陸漂移的理論體系。1964年中國出版了中譯本，1977年重印。

魏格納的大陸漂移學說是活動論的一個代表。這個學說的根據首先是相隔大洋的兩塊大陸的種種相似性和連續性，包括海岸線的形狀、地層、構造、岩相、古生物等等。還有一些如古氣候、大地測量、地球物理等其他方面的證據。魏格納爲了證實他的學說，曾搜集了大量的資料，但是忽略了對它們的嚴格審查和分析，以致有些論據說服力不強，有些資料甚至是錯誤的。學說中一個嚴重弱點是他假設大陸在海底上漂移就仿佛船在水中航行一樣。然而從矽鋁層和矽鎂層的相對強度來看，這是不可能的。除此之外，在魏格納的時代，還未發現地殼中有大規模水平位移的確切證據。由於以上這些原因，這個學說到了20世紀40年代就幾乎銷聲匿跡了。但是到50年代後期，由於發現了新的強有力的證據，大陸漂移的學說才又重新被人們重視起來，並得到了發展。

一個證據是近年來的觀測表明大規模的水平斷裂和位移畢竟是存在的。最著名的是北美西部的聖安德列斯大斷層。它一部分穿過陸地，一部分穿過海底。這個斷層在約1000萬年期間至少錯動了四五百公里；亦可預見，2000萬年後，洛杉磯將成爲舊金山的一個區。在環太平洋地區，如臺灣、菲律

賓、紐西蘭、南美洲等都還有其他的水平大斷裂。這些都是經過大陸的。近年來的海上地球物理探測還發現海底大斷裂的水平錯距甚至比陸地還大，如北美西海岸外的大洋中的門多西諾斷層錯動了1140km，在它南面的默里斷層錯動了680km，等等。別的大洋中也發現有類似的大斷裂存在。

第二個證據是大陸邊緣的拼合。啓發大陸漂移設想的重要事實之一無疑是南美洲的東海岸與非洲的西海岸的相似性，但有人認爲這個相似是偶然的，因爲將地圖上的這兩條海岸線去眞正拼合時，卻又有許多處並不符合。其實海岸線的形狀受海面變化的影響很大，即使南美洲和非洲原來確是一塊，在分裂了漫長的地質年代以後，也很難期望它們的海岸線仍然符合。合理的比較應當以較深的邊緣（如大陸坡）爲標準。另外，比較的時候，兩塊大陸應當擺在什麼相對位置上，也要有個標準，而不應只憑直觀。布拉德（E. C. Bullard）等人採用了最小均方誤差的方法，根據最精確的海深圖和電子電腦運算，將南美洲和非洲在深度約爲1km的大陸邊緣上拼合起來，得到圖5.9的方案。拼合時，重疊和空隙處都表示在圖上，平均誤差只有88km。用同樣方法，他們將南美洲、非洲、歐洲、北美洲、格陵蘭都拼在一起（圖5.10），發現如將西班牙做些轉動，可使拼合的平均誤差不超過130km。某些古地磁的觀測表明，西班牙在三疊紀的晚期可能轉動過。當然，以上的拼合方案並非唯一可能的。根據地質或其他方面的考慮，還可以有其他的拼合方案，不過差別都不大。重要的是，這些拼合的結果給人一種印象：某些大陸原來很可能連在一起，以後才分開，特別是非洲和南美洲就是如此。

圖5.9　南美洲和非洲在約為1km深度的拼合

圖5.10　美洲、非洲、歐洲、格陵蘭的拼合

　　第三個證據是古地磁極的遷移。岩石在由熱變冷的凝固過程中，因受當時地磁場的磁化而取得了磁性。岩石磁化的方向與當時地磁場的方向是一致的。反過來，在一定的前提條件下，由岩石磁化的方向可以求得在岩石形成

的時候地磁極的位置。如果岩石所在的大陸在地質時期曾發生過移動，則由岩石磁性所定的地磁極和現在的地磁極位置必不一致。岩石的年齡是可以測定的，這就可以做出各大陸的地磁極遷移軌跡。

2000萬年以內的岩石所給出的古地磁極位置和現在地磁極相差不多。若用更老的岩石，則所測得的地磁極位置就和岩石所在的地塊有關。不同大陸的岩石所定的古地磁極位置可能相差很大。即使在同一大陸，不同年齡的岩石所定的古地磁極也不一樣。圖5.11繪出二疊紀以來，4個地塊的古地磁極遷移軌跡。它們現在都彙集在現在的地磁極附近，但在以前的地質時期則相距很遠。這就是說，大陸在漂移。自二疊紀以來，最大相對位移超過了90°，約合每年4cm。極移軌跡還說明非洲和南美洲在古生代的幾億年期間都是聯在一起的，印度只是到了第三紀早期才漂移到亞洲附近。

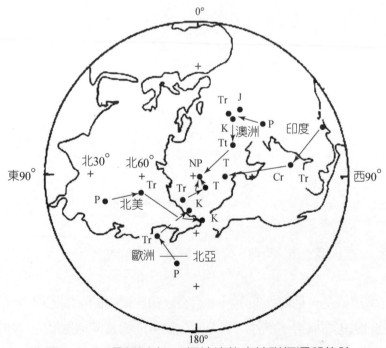

圖5.11　二疊紀以來，4個地塊的古地磁極遷移軌跡

　　古地磁極遷移軌跡對於重建古大陸是一個重要的參考，但還不能完全確定古大陸的位置，還需要其他資料和假定。關於古大陸的問題，現有兩種設想。一種認爲地球上原來只有一塊泛大陸，叫做聯合古陸，到三疊紀才開始分裂。另一種認爲地球上原來就有兩塊泛大陸，在北面的叫做勞亞古陸，包括歐洲、亞洲和北美洲；在南面的叫做岡瓦納古陸，包括南半球的各大陸，還有印度。它們也是到古生代以後才分裂。這兩種設想哪個更正確，現在尚無定論。

　　以上3種論據都有相當大的說服力，但大陸漂移的學說，在當時，還是不能回答大陸爲什麼能夠在強度很大的矽鎂層中漂移的問題。海底擴張的學說給這個問題提供了答案。

二、海底擴張

　　海底地殼大致是分層的。海洋的平均深度約爲4.5km。海底以下主要有3層：第一層是未凝結的沉積，厚度變化很大，約爲0～2km，密度爲1.46 g/cm^3，地震縱波的速度爲2km/s。第二層是凝結的海洋沉積和玄武岩，厚度約爲0.5～2km，密度爲2.4g/cm^3，地震縱波速度爲4.6km/s。第三層是鐵鎂質的岩石，厚度很均勻，約爲4.7km，密度爲3g/cm^3，地震縱波速度爲6.7 km/s。這是海洋地殼的主要岩層，以前曾叫做玄武岩層。海洋地殼以下即是地函。第三層底部即是M間斷面。多數人認爲M間斷面是一個化學成分的分介面，而不是一個相變分介面。地函頂部的密度是3.3g/cm^3，地震縱波速度約爲8.1km/s，但岩石是否爲橄欖岩還是有爭議的。

　　除了眾所熟知的環太平洋地震帶和歐亞地震帶外，在大洋中還有一個極長的弱震地震帶。這個地震帶下面是綿延的中洋脊。大西洋中洋脊很早就已發現了，以後在太平洋和印度洋也發現有中洋脊。圖5.12是一張全球六大板塊構造圖。在大洋中那條狹窄的地震帶正標誌著中洋脊的位置。這些中洋脊其實就是海底的巨大破裂帶，全長約有8萬公里。這中洋脊上，第三層的地

震縱波速度比正常值小，只有4～5.5km/s，它下面一層中的地震波速度只約有7.4km／s。M間斷面在此地也不明顯，地面熱流則比其他地區要高。

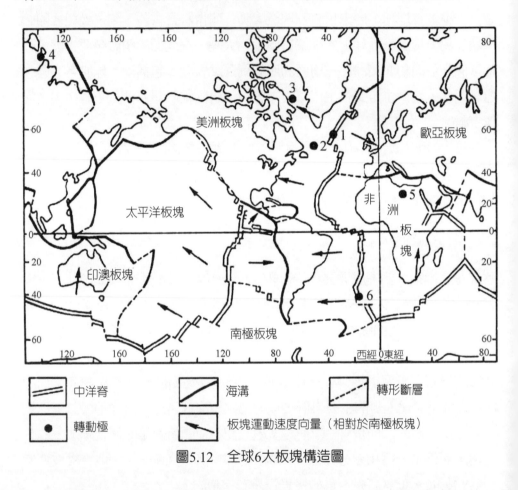

圖5.12　全球6大板塊構造圖

　　海洋盆地比大陸要年輕得多，至今還未發現比侏羅紀更老的海底岩石。海底沉積的厚度很薄，海底火山的數目也比較少。這一切都說明海底的年齡很小。根據海底的一般情況和年輕的特點，在20世紀60年代初期，赫斯（H. H. Hess）和迪茨（R. S. Dietz）分別提出了一個海底擴張學說。兩者結論相同，迪茨的論文比赫斯的報告晚一年，因此人們一般把赫斯作爲學說的創立

者，但也不忘記迪茨的貢獻。學說要點如下：

(1) 地殼運動的動力主要來自地函物質的對流，其速度每年約一至幾公分。對流發生在軟流層內，它所產生的拽力作用於岩石層（圈）的底部，而不是作用於地殼的底部。大陸岩石層和海洋岩石層的強度是大致相同的。

(2) 海底岩石層坐落在對流迴圈的頂端之上，由發散區向外擴張，又由彙聚區流入地下。這個循環系統的尺度可達到幾千公里。在地質時期裏，對流迴圈的位置是有變化的，因此導致大地構造形態上的變化。中洋脊坐落在對流的上升區，海溝在下降區。中洋脊上的熱流較高是上升對流的標誌。中洋脊兩邊的地形崎嶇不平是海底擴張造成的。海底的死火山和平頂山離中洋脊愈遠，年齡愈大，這也是海底擴張的結果。

(3) 對流的形態是地球內部情況所決定的，與大陸的位置無關。大陸只是像坐在傳送帶上，隨著矽鎂層一起流動。當大陸達到對流的彙聚點時，因較輕，便停在上面，而矽鎂層則由大陸下面拐入地下。所以大陸是處於壓應力狀態之下，而海洋盆地則處於張應力的狀態之下。若大陸是馱在岩石層上一起漂移，它的前緣並不受力，因而是穩定的，這相當於大西洋海岸的情況。若矽鎂層由矽鋁地塊下流過，則大陸邊緣將擠成山脈，這相當於太平洋海岸的情況。海底及其上面的沉積物在對流彙聚地方下沉，一部分受到擠壓、變質與大陸熔結在一起，另一部分則沉入軟流層。

(4) 中洋脊不是永久的形態，它的壽命不超過二三億年。對流改變形態，中洋脊也就下沉了。海底以每年幾公分的速度擴張，整個海底每三四億年就更新一次。這就解釋了海底沉積為何那樣薄、海底為何沒有比中生代更老的岩石的原因。

(5) 地球的總體積基本上是恒定的，海洋盆地的容積也基本上不變。

這個學說在剛剛提出的時候，證據是不充分的，但以後經過更多的觀測證明它是可信的，其中最突出的證據是地磁場的轉向和地磁異常的線性排列。

1. 地磁場的轉向和地磁年表

很久以前曾有人發現岩石的磁化方向有時與現在的地磁場方向恰好相反，以後又發現這種反向磁化是一個相當普遍的現象，特別同岩石的形成年代有關係，例如二疊紀的岩石大多數是反向磁化的。關於反向磁化的原因有幾種不同的解釋，但現在一致公認大規模的反向是地磁場本身轉向的結果。後一現象似乎出人意外，其實並不奇怪。天文學家早就發現有不少天體的磁場變化很快。按照現代地磁場成因的理論，這種轉向是完全可能的。

地磁場轉向的時間間隔是很不規則的。要確定這些間隔，必須有準確的年齡測定和精選的火成岩標本。1964年考克斯（A. V. Cox）等人曾發現300多萬年以來，地磁場曾3次轉向：由現在直到69萬年以前，地磁場方向沒有變過，叫做布容正向時期；由69到243萬年以前，地磁場方向和現在的正相反，叫做松山反向時期；再往前直到332萬年以前，地磁場方向又是正的，叫做高斯正向時期；再往前，方向又轉過來，叫做吉伯反向時期。以後更精確的觀測又發現在每一時期內，還存在著更短暫的轉向現象，叫做轉向「事件」。最短的事件短於3萬年。這些事件的起止時間也是確定的。於是可以仿照地質年表的樣子，把最近幾百萬年的地磁場轉向時間列成一個年表，叫做地磁年表（地磁極性年表）。它是研究海底擴張的一個有力工具。

2. 海上地磁異常和瓦因-馬修斯學說

大洋上許多地區的磁異常分佈有明顯的特徵。在中洋脊兩邊，正異常區和負異常區都呈條帶狀，與中洋脊的走向平行。異常的分佈在中洋脊兩邊是對稱的，在剖面圖中，對稱性尤其明顯並可伸延到很大的距離；只有經過大斷裂時，磁異常的圖形才整體地發生錯動，但一般不受海底地形的影響。圖5.13和圖5.14是冰島南面的雷克雅內斯中洋脊附近磁異常分佈圖。圖5.13中AA是中洋脊的位置，條帶分佈、線性排列和對稱性都可以看得很清楚。這種情況，各大洋都有。

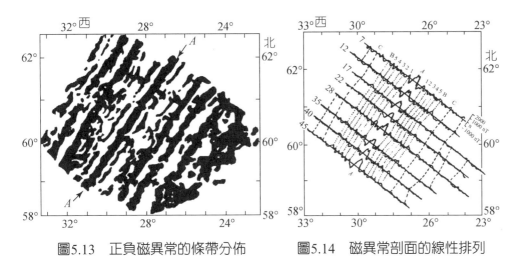

圖5.13　正負磁異常的條帶分佈　　圖5.14　磁異常剖面的線性排列

　　根據這些現象，瓦因（F. J. Vine）和馬修斯（D. H. Mathews）在1963年提出一個學說：海洋地殼的第三層是軟流層上升的物質由中洋脊湧出後向兩邊擴張所形成的。當它一面擴張一面冷卻的時候便取得岩石磁性，其方向與當時的地磁場方向一致。由於在擴張的年代裏地磁場多次轉向，而海底凝固後的磁性又是穩定的，所以擴張的海底在不同地區的磁化方向並不一致，它是由正、負相間的磁塊組成的。這樣海底就是一個巨大的磁帶，上面記錄著地磁場變化和海底擴張的資訊。磁異常在中洋脊兩邊的對稱性只不過說明海底向兩邊的擴張速度是一樣的。按照這個學說，如果海底擴張的速度是均勻的，則正、負磁塊的寬度應和地磁年表上的時間間隔成比例。

　　磁異常的線性排列不僅在中洋脊附近存在，而且能追蹤到很遠，有時到離中洋脊1000多公里還看得很清楚。在太平洋、大西洋、印度洋和北冰洋都有類似的現象。由地磁年表和正負磁異常的間隔可以計算海底擴張的速度。由岩石標定的地磁年表只能夠編到450萬年。若海底擴張的速度為4公分／年，則年表所能應用的距離離中洋脊還不到100km。更遠的磁異常必定相當於更早的地磁場轉向。反過來，若海底擴張的速度是均勻的或可以用其他方

法求到，也可以用正負磁異常分佈來延長地磁年表。就是用這樣的方法，現在的地磁年表已經延長到7600萬年以前。

3. 轉形斷層

中洋脊不是連續的，而是為一系列水準斷裂所割斷。中洋脊沿斷裂發生了錯動。初看時，這種斷裂僅僅是普通的平移斷層，但以後發現它們有兩個特徵。如圖5.15的BF和CE是兩段中洋脊，AD是橫切中洋脊的斷裂。如果這個斷裂僅僅是一個普通的平移錯動，則地震活動應當遍佈在這個斷裂帶上。觀測表明，地震只發生在中洋脊上和兩段中洋脊之間的斷裂BC上，而在中洋脊兩邊的AB和CD段上，則地震很少。另一特點是：沿BC兩邊的切應力方向如圖5.15所示，這與普通的平移斷層的切應力方向恰恰相反。威爾遜（J.T.Wilson）把這樣的斷層叫做轉形斷層，它是海底擴張的結果。設圖中的著色區是新產生的海底。由圖可見，無論斷裂錯動原來是如何產生的，只要由中洋脊噴出的新海底向兩邊擴張，BC段上的切應力必如圖上的箭頭所示，而不是相反。沿著BA和CD，兩邊介質的運動是一致的，所以不產生地震。近代由震源機制所測定的應力方向是與轉形斷層的性質完全符合的，因而給海底擴張的學說提供一個獨立的證據。

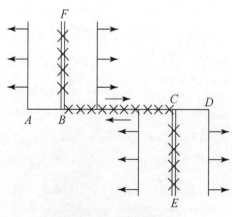

圖5.15　轉形斷層

　　按照海底擴張的學說，大陸是馱在岩石層上而在軟流層上移動的，不存在矽鋁層在矽鎂層中漂移的問題，這就克服了大陸漂移學說的最嚴重的困難。

三、板塊構造

　　這個學說是大陸漂移和海底擴張兩個學說的自然引伸。地球的岩石層並非整體一塊，而是為一些構造活動帶所割裂，形成幾個單元，叫做岩石層板塊。勒比雄（X. Le Pichon）最早曾將全球岩石層分為6個大板塊，即歐亞板塊、美洲板塊、非洲板塊、太平洋板塊、印澳板塊和南極板塊。這些板塊的邊界並非大陸邊緣，而是中洋脊、島弧構造和水平大斷裂。除太平洋板塊完全是水域外，其餘都是海陸兼有。六大板塊的劃分只是一個初步的方案（圖5.16）。隨著研究的進展，劃分也就更詳細，如提出過一個12個板塊的方案。地面上所釋放的機械能量絕大部分都是從一些狹窄的活動帶釋放出來的，而這些活動帶也是地震最活動的地方。可以認為地震活動帶就是板塊相互作用和相對運動的一部分邊緣。大地構造運動和地震活動基本就是板塊相互作用的結果。

　　板塊由於地下物質對流的帶動，由中洋脊向兩邊擴張，在島弧地區或活動大陸邊緣沉入地下，通過軟流層完成對流的迴圈。在運動的過程中，各板塊是互相制約的，重要的是它們的相對運動。由於板塊邊界有3種形態，它們之間的作用也有3種形式：中洋脊地區主要是張力，常造成正斷層；島弧地區主要是擠壓，造成逆掩斷層；轉形斷層上的應力主要是剪切，造成平移斷層。但是應指出，3種形式不能期望單純地出現。海溝或是裂谷地區也可能有不小的平移。

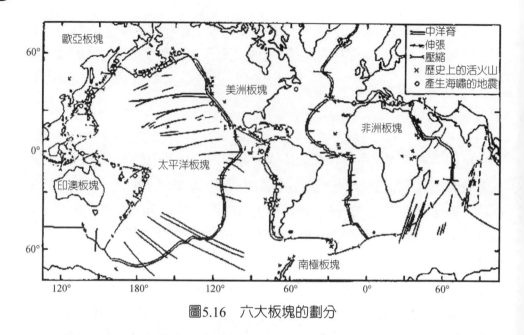

圖5.16　六大板塊的劃分

　　板塊構造學說的提出原是爲了解釋現代的大地構造和地震活動。對以前
地質時期的活動，由於缺乏地震標誌，所以很難辨認板塊的邊界。現在的情
況是能往前外推多久頗成問題，如果能找到古板塊的邊界和那裏的運動，也
許可以外推到新生代或中生代，但能否推到古生代或更早就值得懷疑了。板
塊的邊界在地質年代裏是有變化的，這同海底擴張的階段有關。現階段的海
底擴張何時開始的，尙無定論。有人認爲從中生代就已開始，也有人認爲是
1000萬年以前才開始的。當海底以下的對流系統變換位置時，板塊的形態也
就隨之改觀了。

四、地震學證據

　　支援板塊構造學說的證據很多，最突出的是地球物理學所提供的證據，
主要有地震學、地磁學、重力學和地熱學的證據，這裏我們只介紹地震學證
據。地震學爲板塊構造學說提供三方面的證據：天然地震的空間位置，可以

勾畫出板塊邊緣；震源機制解，可以確定板塊活動的力學性質；地震測深所得深度速度分佈，可以給出板塊運動的物理條件。

1. 地震空間分佈的證據

(1) 板塊的劃分和全球地震帶的分佈是一致的。由於相當近似，可以將地球表面分為若干個基本上無震的塊體（板塊），它們的邊界與中洋脊、斷層、海溝和山系相聯繫，地震活動性比較強烈。地震帶一般是連續的，各個主要的地震帶內很少有真正的間隙，這些地震帶的終點幾乎總與另一個地震帶相交。而且，地震帶一般是狹窄的。誠然，劃分板塊還要根據轉形斷層和地質構造帶，但其中震央分佈是占很大權重的。

(2) 海底擴張也告訴我們，全球大地構造運動是一個整體的活動體系。在中洋脊上，地震都是淺源的，活動水準較低，地震也較小，最大不超過規模7。這裏具有高熱流、局部火山活動和張性斷裂的特徵，海洋板塊從這裏誕生。

(3) 我們發現世界上的深源地震，幾乎全部都發生在海溝地帶，而且從海溝向大陸方向，地震有從淺源向深源變化的規律。特別是1954年美國地震學家貝尼奧夫（Hugo Benioff）對許多島弧上的地震分佈和地震深度進行了系統的研究，發現有一條以45°角向大陸方向傾斜的深源帶，這就是人們所稱的貝尼奧夫帶，這個帶和板塊的俯衝帶是一致的，海洋板塊在這裏消亡。所以，地震是板塊構造的一個強有力證據。

2. 震源機制解的證據

(1) 沿著中洋脊發生的地震，其震源機制是正斷層，類似於沿著東西方向擴張的走滑斷層，這與形成新的岩石層處的海底被拉開的概念是一致的。

(2) 沿著海溝-島弧的板塊俯衝帶由淺入深的過程中，應力由張性向壓性過渡，這是板塊俯衝並趨向消亡的重要證據。

(3) 轉形斷層：海底擴張時，中洋脊上各段的擴張速度的差異，在差異

較大的地方就要錯開，這錯開之處，就是轉形斷層。它橫切中洋脊，起調整擴張能量、維持平衡的作用，是一種張性斷層。如果密集存在，就成了錯斷帶或破碎帶了。其所以是板塊構造的證據，就因爲它是地殼擴張形成中洋脊時的一種相關產物。

3. 深部速度結構的證據

(1) 在地下100～200km深處，有一個低速層，又叫軟流層。軟流層的發現對於解釋板塊活動力源是有利的，因爲低速層作爲板塊岩石層的下界爲板塊的移動提供了可能。

(2) 低速層頂部的深度就是岩石層的厚度。中洋脊處的板塊厚度只有0～10km，而南美洲板塊的厚度可達200～300km。大陸板塊厚，海洋板塊薄。這是因爲海洋板塊一般很年輕，處於迴圈過程中。

五、存在的問題

板塊構造學說自提出後就引起全世界地學工作者的普遍注意，因爲它有大量觀測資料的支援，並對許多重大地學問題給出較爲滿意的解釋。但它不是固定不變的教條，因爲它提出不久，還有許多不足之處和缺點，需要在發展中逐步完善和修訂。

首先是板塊的驅動力問題，直到現在還未能滿意地解決。絕大多數人認爲板塊的運動是某種形式的對流所帶動的，但具體的過程不清楚。由於地球內部存在著間斷面，有人認爲對流環是扁的，只在600km以內迴圈，這在理論上造成很大困難。不過有關地球內部的結構和流變性質的理論一直在不斷地修訂。全地函的對流運動能否存在還不能做出結論。這個問題在80年代的岩石層（圈）計畫中列爲重要課題之一。

其次，學說剛提出的時候，特別強調板塊的剛性。板塊是作爲剛性的整體而運動的，它的變形主要發生在邊界。然而觀測表明，在大陸內部，岩石

層的斷裂褶皺是很劇烈的，遠不能看爲一個剛體。在大陸板塊內部，地震活動在個別地區也很強烈，例如在中國的西南地區和青藏高原，地震震央的分佈範圍相當廣泛，與海洋中的板塊邊界大有不同。所謂的板內構造運動的研究是板塊構造學說的一個發展。

再者，兩個板塊相碰的地方叫做縫合帶。印澳板塊與歐亞板塊的縫合帶大多數學者認爲是沿著雅魯藏布江延伸的。早期學說中的縫合帶都是在海洋裏，只是到了最近才注意到大陸碰撞的問題。這種縫合帶都有什麼特徵還研究得很不夠。至少消減帶的概念在此地能否應用頗成問題，因爲馱著一塊大陸的岩石怎樣能俯衝到另一塊馱著大陸的岩石層下面是很難想像的。唯一的可能似乎是兩塊大陸之間發生大規模的劇烈擠壓，從而導致喜馬拉雅山的升起。在擠壓的過程中，南北兩地塊上部的地層互相交叉是不難理解的。在青藏高原上，有些地區可以看到由南向北俯衝的地層，而在另一地區也可看到由南向北仰衝的地層。這與海洋岩石層的消減帶是不同的。印澳板塊同歐亞板塊碰撞，其影響決不限於青藏高原，可以說全部西南亞的現代大地構造格局都打上了這個地質事件的烙印。

20世紀80年代開始的岩石層（圈）動力學和演化計畫中有關板塊大地構造學說的研究目標有：①定義和解釋大陸岩石層與海洋岩石層的重要區別。②直接測量當代板塊的相對運動，並發展板塊驅動機制的定量的動力模式。③驗證板塊可以作爲剛體單元而運動的學說，並尋求板內大地構造活動和火山活動的解釋。④闡明板塊沿共同邊界相互作用的物理和化學過程。⑤發展岩石層演化的定量模式。

▌第五節　全球地震活動概況

　　地震的空間分佈顯示出地殼和上部地函的不均勻性，而地震的時間序列和發生規律又能反映地殼應力和介質的某種力學性質。板塊構造理論的基本概念和地震活動性的研究是分不開的。

　　從統計的觀點出發，地震帶及地震的「遷移」規律對於地震危險區的劃分有十分重要的意義。設計廠礦或城市的基建工程時，需要考慮該地區的地震危險性，並根據它來設防加固。

　　不少人試圖自過去地震發生的規律來預報以後更大地震的發生，有時取得良好效果。

　　地震活動性不僅指地震發生的頻度，而且包括地震發生的能量和地點。

　　由表5.1可以看出地震在地球上的發生是非常頻繁的，慶幸的是能造成嚴重災害的規模7以上強震所占的比例數是非常小的。由表5.2可以看出，有地震儀器記錄以來全球所發生的特大地震全都發生在海洋板塊向大陸板塊俯衝的邊界帶上。除2004年發生在印尼蘇門達臘的規模為9.0地震由於引起海嘯造成嚴重災難外（參見表5.3），其餘5次地震並沒有造成嚴重的災難後果。而隨著海嘯監測預警系統的建設與完善，地震海嘯災難的風險未來可能會減小。仔細分析表5.3可以看到，主要的地震災難是由於位於人口密集區的板內大地震造成的，因此加強人口密集區地震監測與地震防範是減輕地震災難的有效途徑。

表5.1　全球平均每年發生的地震數目

地震規模（MS）	每年地震數	地震波能量釋放（10^{15}焦耳／年）
≥8.0	0～2	0～1000
7～7.9	12	100
6～6.9	110	30
5～5.9	1400	5
4～4.9	13500	1
3～3.9	＞100000	0.2

表5.2　1900年來全球6次規模最大的地震

時間				地點	規模（MS）
年	月	日	世界時		
1952	11	04	16:58	俄羅斯勘察加半島	9.0
1957	03	09	14:22	美國阿留申群島	8.6
1960	05	22	19:11	智利	9.6
1964	03	28	03:36	美國阿拉斯加	9.2
2004	12	26	00:58	印尼蘇門達臘	9.0
2011	03	11	05:46	日本東部海溝	9.0

表5.3　1900年來全球13個最有影響的災難性地震

時間（UTC）	地點	規模	災難
1906-04-18	美國舊金山	8.3	地震造成2500餘人死亡，地震及地震引起的火災造成舊金山城市大量建築遭到嚴重毀壞，成為美國歷史上最重大的自然災難之一

時間 （UTC）	地點	規模	災難
1908-12-28	義大利墨西拿	7.5	地震使墨西拿市的一半人口約7.5萬人喪生，加上義大利本土的死亡人數，共有16萬人死亡
1920-12-16	中國海原	8.5	地震造成23萬多人死亡，海原縣城全部房屋蕩平
1923-09-01	日本東京	8.2	地震造成14萬餘人死亡，地震及地震引起的火災造成了東京市大量建築遭到嚴重毀壞，並引起了海嘯
1960-05-22	智利	9.5	地震造成了5700餘人死亡，是有儀器記錄來地球上發生的最大規模的地震，引起了地球的自由振盪並被清晰記錄，引起的大海嘯波及日本，使日本因該大海嘯死亡3000餘人
1970-05-31	秘魯欽博特	7.8	地震造成了約6萬7千人死亡，10萬多人受傷。該地震以東的容加依市，被地震引發的冰川泥石流埋沒全城2.3萬人
1976-07-27	中國唐山	7.8	地震造成24萬餘人死亡，唐山市幾乎蕩平
1985-09-19	墨西哥	8.1	地震造成約1萬人死亡，上萬所建築被毀
1995-01-16	日本神戶	7.2	地震造成約5400人死亡，34000多人受傷，19萬多幢房屋倒塌和損壞
1999-09-21	臺灣	7.6	地震造成約2100死亡，有40845戶房屋全部倒塌
2001-01-26	印度古吉拉突邦	7.9	10萬人在大地震央死亡，另有20萬人受傷，作為印度最富庶地區之一的古吉拉突邦經濟一下子倒退了20年
2004-12-26	印尼蘇門達臘	9.0	地震及地震引起的海嘯造成約25萬人死亡，引起的海嘯所造成傷亡與損失是迄今為止最大的
2008-05-12	中國汶川	8.0	地震造成約8.8萬人死亡，引起大面積山體滑坡

　　表示地震的強弱有兩種方法，其中一種是表示地震本身的大小，它的量度叫做規模。規模是地震固有的屬性，與所釋放的震動能量有關，但與觀測點的遠近或地面土質的情況無關。它可以自地震記錄圖中地震波的振幅、地震波的週期以及地震站的震央距來計算。全球已發生的最大地震規模震為9，相應的能量為10^{25}爾格。地震規模的上限和地殼介質所能夠積累的應變能有關。地震波能量和規模的通用關係為

$$\log E = 11.8 + 1.5M \qquad (5.1)$$

式中，E的單位是爾格，M指規模。

　　地震只在全球很少的個別地區發生，日本、義大利、智利、秘魯及土耳其是地震十分強烈的國家。中國也是多震的國家，四川、雲南、甘肅、新疆以及西藏歷來是多震地區。

　　地震在全球的分佈是不均勻的，但也不是隨機的，有的地方地震多，有的地方地震少。地震多的地區叫地震區。地震區的震央常呈帶狀分佈，所以也叫地震帶。地震帶的劃分現在還沒有公認的定量標準，所以它們的邊界多少帶有任意性。

　　地震在時間上的分佈也是不均勻的。全球每年釋放的地震波能量頗有起伏。個別地區的地震活動性隨時間的變化也很大。在有些地區，較大地震會在原地點附近重複發生，但時間間隔並不均勻。地震活動是有間歇性的，但並無固定的週期。許多大地震都伴隨著地面上可見的斷裂，其中有的是新產生的斷層，有的是舊斷層復活。斷層若發生在覆蓋層，這也可能是地面震動的結果；但若發生在基岩，就與地震的成因有聯繫，所以常叫做地震成因斷層。

　　全球性的地震帶有三個：環太平洋地震帶、阿爾卑斯—喜馬拉雅地震帶（即歐亞地震帶）和中洋脊地震帶，它們與地震的成因顯然有關係。此外還

有一些比較小的大陸地震帶，如東非裂谷地震帶和貝加爾湖地震帶等。全球地震震央分佈見圖5.17和圖5.18。

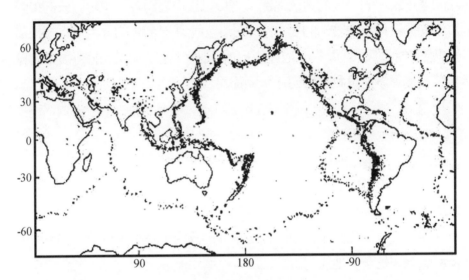

圖5.17　1961～1967全球地震震央分佈圖（$h < 100$km）

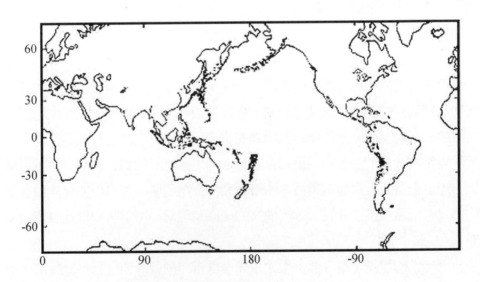

圖5.18　1961～1967全球地震震央分佈圖（100km $< h < 700$km）

　　大約全球80%的淺震、90%的中源地震以及全部深震都集中在環太平洋地震帶上。如圖5.17，它自阿留申群島、庫頁島開始經日本東部，然後分爲兩支：西支經琉球、臺灣和菲律賓；東支經小笠原群島和馬利安納群島、關島。東西兩支在新幾內亞西端匯合，然後經新幾內亞北部、所羅門、新赫布裏底、斐濟、湯加、克馬德克斜插到新西蘭，並延伸到南極洲附近的麥闊裏島和邦提群島。然後沿太平洋東南部北上，至伊斯特島和加拉帕戈斯群島。另一支爲南安第斯山脈，它的南端與桑德韋奇群島相連，整個南美洲的西海岸都屬於這一支。向北，它們與加勒比環相連，然後到墨西哥、加利福尼亞以及加拿大沿岸，並與阿拉斯加連接在一起。

　　歐亞地震帶是包括地中海、土耳其、伊朗以及喜馬拉雅弧、緬甸巽他弧的地震帶。它從印尼開始，經印度支那半島的西部和喜馬拉雅地區、伊朗、土耳其到地中海北岸，一直伸到大西洋的亞速爾群島。

　　中洋脊地震帶，又稱大洋中脊地震帶分佈在環球中洋脊的軸部和兩中洋脊之間的破碎帶上。大陸上的加利福尼亞和東非地震帶可能是中洋脊地震帶的延伸。中洋脊地震帶的特點是寬度很窄，一般只有數十公里。中洋脊地震的強度不大，最強不超過規模7，而且皆爲淺震。但是由於這裏的地殼很薄，因此與大陸淺震不同，中洋脊地震發生在地函頂部，而不是發生在地殼裏。

　　一部分地震發生在大陸的內部，分佈比較分散，它們與大陸內部的應力作用過程有關。

　　中國地震帶位於歐亞地震帶東端，東北部的吉林、黑龍江的地震帶以及東南沿海地震帶、臺灣地震帶與環太平洋地震帶相連接。

　　中國大陸地震主要是淺震；只有吉林的安圖、輝春以及黑龍江的穆陵、東寧、牡丹江一帶曾發生深度爲400～600km的深震。中源地震有三處：臺灣東部沿海如基隆東北、宜蘭和花蓮以東的海中，它和環太平洋地震帶相連結；西藏南部江孜、錯那附近，它可能和緬甸西部的中源地震帶相連接；新

疆西南部的塔什庫爾幹、麻紮一帶，它可能和興都庫什地震窩相連接。

對於中國大陸地震帶的劃分雖然已有一些研究，但是仍有不少問題有待商討。圖5.19為西元前780年至1973年5月，中國規模6以上強震震央分佈圖；圖5.20表示中國地質構造與地震帶的關係。在經度104°～105°的南北地震帶是強震最密集的地區。北自銀川開始，經賀蘭山、六盤山、龍門山與川滇地震帶相連接，直到滇南石屏、建水，與紅河地震記錄帶斜交。南北地震帶與地質構造線相符合，這裏重力梯度很大；地震帶的東部和西部，其深部構造有明顯差異。南北帶以西有幾條走向大約為北西西的大斷裂帶，自北開始有：阿勒泰、天山、祁連山、昆侖山和喜馬拉雅山等褶皺帶，它們都被南北帶所折斷。在褶皺帶中間有準噶爾盆地、阿拉善地塊、塔里木盆地、柴達

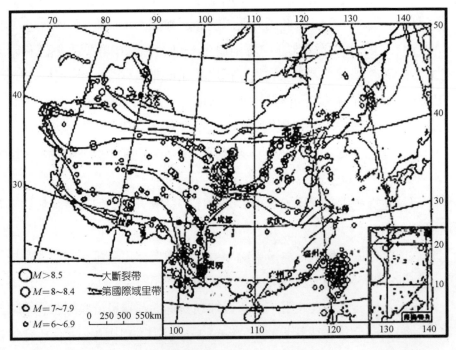

圖5.19 中國M≥6的強震震央分佈圖（西元前780年～1973年5月）

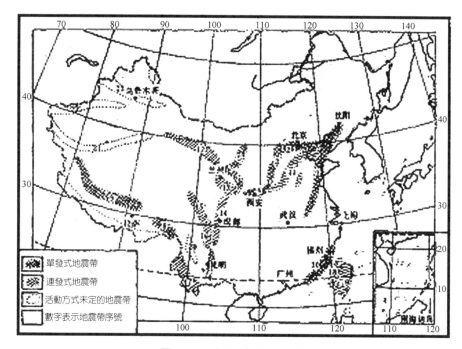

圖5.20　中國地震活動帶

單髮式地震帶： 1.郯城、盧江帶；2.燕山帶； 3．山西帶； 4.渭河平原帶； 5．銀川帶；6．六盤山帶； 7.滇東帶； 8．西藏察隅帶； 9．西藏中部帶；10.東南沿海帶。

連髮式地震帶： 11.河北平原帶； 12.河西走廊帶； 13．天水─蘭州帶； 14．武都─馬邊帶； 15.康定─甘孜帶； 16.安寧河谷帶； 17.騰沖─瀾滄帶。

活動方式未定的地震帶： 18.滇西帶； 19.塔里木南緣帶； 20.南天山帶； 21.北天山帶。

木盆地和藏北地塊。盆地和地塊是很穩定的，它們內部沒有地震發生。地震主要分佈在褶皺帶，特別是褶皺帶與盆地或地塊的接觸帶上，那裏地震的活動最為強烈。

　　南北帶以東有幾條北北東的斷裂帶，如郯盧斷裂帶、河北平原帶、東南沿海斷裂帶等；此外還有北東東走向的陰山、燕山等斷裂帶，它們都是較強的地震帶。華北和華南的地殼構造雖有顯著差異，但是在它們的接觸帶上，

地震卻很少。兩斷裂帶之間常常是比較穩定的沒有地震的地區；例如：松遼地塊、鄂爾多斯地塊、山西地塊、華北地塊、華南地塊等。中國絕大多數的強震都發生在大斷裂帶上，特別是發生在穩定地塊和活動褶皺帶的接觸邊緣上。褶皺帶和地塊之間有明顯的相對垂直運動，這給解釋大陸地震的成因提出了一個必須滿足的條件。

臺灣的地震活動十分劇烈。中、深源地震發生在東部和北部的海洋中，西部平原只有淺震。臺灣的中央山脈以東和以西的地震具有不同性質。

■ 第六節　不同類型的地震

大多數破壞性地震——諸如1976年唐山大地震、2008年的四川汶川大地震和2011年日本仙台大地震，都是因斷層岩石的突然破裂而發生的。雖然通常談地震指的就是這種所謂的構造地震，但其他因素也可能導致強烈的地面震動。構造地震是由於地下深處岩石破裂、錯動把長期積累起來的能量急劇釋放出來，以地震波的形式向四面八方傳播出去，到地面引起房搖地動，這種地震占世界地震總數的85%至90%左右。

一、火山地震

由於火山活動時岩漿噴發衝擊或熱力作用而引起的地震，稱為火山地震。許多人，像早期希臘哲學家那樣，想像地震是與火山活動聯繫的。的確，在世界許多地區地震與火山相伴發生，令人印象深刻。現在我們知道，雖然火山噴發和地震都是岩石中構造力作用的結果，但他們並不一定同時發生。今天我們稱與火山活動相關發生的地震為火山地震。這類地震可產生在火山噴發的前夕，亦可在火山噴發的同時。其特點是震源常限於火山活動地帶，一般深度不超過10km的淺源地震，多屬於沒有主震的地震群型，影響範圍小。

　　火山地震一般較小，爲數不多，數量約占地震總數的7%左右。地震和火山往往存在關聯，通常發生在板塊的生長邊界。由於岩漿活動改變岩石的物性，火山爆發通常會激發地震，而發生在火山附近的地震也可能引起火山爆發。全球最大的火山地震帶是環太平洋地帶。

　　在大火山地震央中，從地震波確定的震源機制可能與構造地震是一樣的。靠近噴發的火山，岩石由於岩漿的積累和運動而變形，彈性應變能在岩石中積累起來。這些應變導致的斷層破裂就像構造地震一樣，但與火山並無直接關係。然而，由於地下火山通道中噴發岩漿的快速運動以及超熱蒸汽和氣體的激發，可使周圍岩石發生顫動，稱之爲火山震顫。

二、塌陷地震

　　因岩層崩塌陷落而形成的地震稱塌陷地震。主要發生在石灰岩等易溶岩分佈的地區。這是因爲易溶岩長期受地下水侵蝕形成了許多溶洞，洞頂塌落造成了地震。此外，高山上懸崖或山坡上大岩石的崩落也會形成此類地震。在石灰岩等易溶岩分佈的地區，時常會發生塌陷地震。

　　塌陷地震只占地震總數的3%左右，且震源淺，規模也不大，影響範圍及危害較小。但在礦區範圍內，塌陷地震也會對礦區人員的生命造成威脅，並直接影響礦區生產；因此對這種地震也需加以考慮。

三、水庫地震

　　在原來沒有或很少地震的地方，由於水庫蓄水引發的地震稱水庫地震。水庫地震大都發生在地質構造相對活動區，且均與斷陷盆地及近期活動斷層有關。水庫蓄水是引起岩體中應力集中和能量釋放而產生地震的直接原因。水體荷載產生的壓應力和剪應力破壞地殼應力平衡，引起斷層錯動，產生地震。水庫地震一般是在水庫蓄水達一定時間後發生，多分佈在水庫下游或水庫區，有時在大壩附近。發生的趨勢是最初地震小而少，以後逐漸增多，強

度加大，出現大震，然後再逐漸減弱。

水庫地震可分為三種情況：

(1) 蓄水前沒有歷史地震記載，蓄水後出現明顯的地震活動；

(2) 蓄水後發生的地震規模和頻度高於歷史地震；

(3) 蓄水後地震的規模低於蓄水前的規模。

前兩種常發生在弱震區或無震區，又稱水庫誘發地震。後一種常出現於多震區或強震區。

水庫誘發地震具有如下特點：水庫地震的震央僅分佈在水庫及其周圍，一般位於水庫及附近5km範圍內，震源深度大多在5km內，少有超過10km；主震發震時間與水庫蓄水過程密切相關；水庫誘發地震的頻度和強度隨時間的延長呈明顯的下降趨勢；水庫誘發地震以弱震和微震為主；水庫地震震源較淺。

目前，中國發現的最大的水庫地震是1962年3月19日新豐江規模6.4地震。

四、核爆炸監測

核爆炸監測意義重大：在無法接近核子試驗場、並且關於地下核爆炸資訊處於高度保密狀態的情況下，地震監測是偵查地下核子試驗最有效的、有時甚至是唯一的技術手段。地震學核爆偵查主要處理如下兩個問題：①通過震源定位及波形分析，鑒別天然地震事件與地下核爆炸事件，確認進行了核爆炸；②通過核爆激發的地震波分析，估計核爆炸當量。

將核爆炸與天然地震區分出來，主要困難是：①核偵查不可能在核子試驗國及其盟國進行，多依靠遠震記錄分析；②受自然地理和政治地理的局限，要獲得有利於核爆監測的最優台網分佈是困難的；③針對一些無核國家的可能核子試驗的監測特別困難。

鑒別地下核子試驗的地震學方法主要有如下幾種：

(1) 測定震央位置和震源深度

核子試驗肯定不會在城市或者人口密度大的地方進行。如果記錄到的某次事件發生在已知的核子試驗場附近，則可能性增加，那麼就很有必要參考其他方面的證據繼續核實。通常核爆炸的震源深度都很淺，但是用遠震記錄確定震源深度誤差一般都很大。

(2) 波形複雜性

波形複雜性曾經被認為是鑒別地下核爆炸事件和天然地震事件的有用的判據。爆炸源的短週期P波波形一般比較簡單。但核查與逃避核查技術的較量一直在進行中，核查逃避技術也取得了很大的發展，如在核爆點建造一個足夠大的空腔以使核爆震源與周圍岩石解耦，將大當量的核爆緊跟在小當量的核爆後進行，兩次核爆波形的疊加造成波形的複雜性等。因此現在已發現有許多核爆所激發的波不是簡單的波形（見圖5.21）。

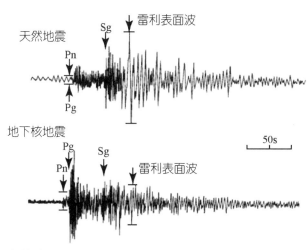

圖5.21　美國內華達試驗場的一次天然地震（上）和一次地下核爆炸（下）區域地震記錄的比較

（引自Richards和Zavales, 1990）

(3) 初動解

P波初動方向是鑒別地下核爆事件的重要資訊。爆炸產生的P波垂直向初動都是向上的，初動在震源球上無四象限分佈特徵，沙灘球全黑。然而這一方法在實際應用中仍存在著一定的困難。區域台網（震央距 < 1000km）範圍內，地球介質結構不均勻性的影響使地震波的傳播規律變得複雜，某些情況下在地震記錄圖上找不到精晰的P波初動；在遠震範圍內由於受自然地理條件（海洋）和政治地理條件的制約，我們能找到記錄的地震站在震源球上的投影經常是集中在一個社區內，無法作初動的四象限分佈特徵分析，從而使用P波初動方向鑒別地下核爆的應用範圍受到局限。

(4) P波與S波振幅比

由於爆炸震源初始輻射的P波較強，而地震是岩層突然剪切錯動引起的，震源初始輻射的S波較強。在實踐中發展了利用地震記錄的直達P波最大振幅A_P與直達S波最大振幅A_S之比（A_P/A_S）來區別核爆炸與地震的方法，對同樣體波規模的事件，核爆炸的（A_P/A_S）值偏高，天然地震的值偏低。

對遠震和特別近的地震事件，直達S波震相是明確的，但對於區域範圍（震央距小於約2000km）的淺源地震事件，地震記錄上不再出現「直達」的S波震相，顯示最大振幅的一般是Lg波（在地殼內傳播的一種導波），於是也有人用P波最大振幅A_P與Lg波最大振幅A_{Lg}之比來區別核爆炸與地震。

(5) 地震波頻譜

地震波譜是鑒別地下核爆炸的另一重要資訊。一般認為爆炸所激發的地震波較同樣大小的天然地震所激發的地震波包含更大比例的高頻成分。基於這一假定，人們定義了許多與頻譜特性有關的判據作核爆鑒別。

頻譜方法的問題是，地震波的頻譜特性不僅與震源有關，與地震波傳播路徑也有相當大的關係。即對一個核子試驗場適用的頻譜判據，對另一個地區常常不適用。事實上，比較不同地區的地震波頻譜特性是目前核爆鑒別研究中的重要研究內容之一。

(6) 規模比

體波規模與（表）面波規模之比（$M_b : M_S$）是鑒別進行地下核爆事件的又一重要判據。這一方法的基礎仍是依據與上述頻譜方法相同的假設，即爆炸所激發的地震波較同樣大小天然地震所激發的地震波包含更大比例的高頻成份。然而由於它所涉及的波長跨度大，所以規模比方法在實際應用中遠比頻譜判據有效。研究結果表明：在所有的判據中，規模比判據可能是將天然地震與地下核爆分開效果最好的判據（見圖5.22）。這一方法的主要缺點是小地震產生的（表）面波常常會淹沒在大地震產生的（表）面波之中，從而給M_S的測量帶來困難。此外規模的測量結果也與源區的介質結構有關。

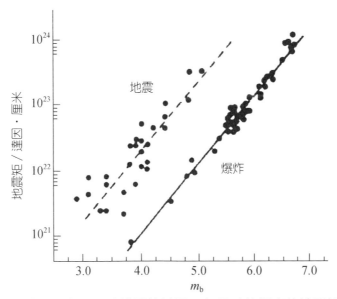

圖5.22　從較遠地下爆炸和構造地震的地震記錄圖計算得出的地震矩規模M和另一種稱為體波規模m_b的比較

思考題

1. 爲什麼地球上會出現兩個特大地震帶？

2. 爲什麼地下2～40km之間地震數目最多？

第六章

地震儀及地震基本參數的測定

　　觀察和測量是自然科學的常用手段，對自然現象的性質及成因的認識，很大程度上取決於這種測量的定量表達形式。地震觀測推動了地震學的誕生和發展，是地震學的基礎，它對地震學乃至整個地球科學的發展起著極其重要的作用。

　　地震儀（seismograph）是一種可以接收地面振動，並將其以某種方式記錄下來的裝置。那麼僅記錄地震波到達時間的儀器只能叫驗震器。地震儀對於精確確定遠處地震的位置、測量地震的大小和確定地震斷層破裂的機制是必不可少的。由於地震動的振幅和頻率變化大，地震記錄儀器是很複雜的。現在，真正可以有效記錄地震細節的地震儀價值不菲。

■ 第一節　張衡的候風地動儀

　　候風地動儀是中國古代觀測地震的儀器，是東漢張衡於西元132年創制的。這台儀器製成以後，放置在洛陽的靈台，同渾象、渾儀、圭表、刻漏等天文儀器一起，委派史官進行觀測。約到4世紀，在動亂中失落。

　　《後漢書‧張衡傳》記載了候風地動儀創制的情況及其形狀、構造和功能特徵。候風地動儀是利用慣性原理，在儀器內底部中央，立有一根都柱，即倒立的慣性振擺。圍繞都柱設有八條滑道。滑道上面，裝有八組「牙機」，即傳動槓桿，其外端呈曲尺形，穿有樞軸，通出儀器外面與龍頭上頜接合。一旦有地震發生，都柱即傾入滑道，推動牙機，使龍頭上頜張開，銅丸即落入下面的銅製蟾蜍口中，發出聲響，用以報警。

　　候風地動儀的靈敏度很高，最低可測地震震度為三度左右（據十二度地震震度表）的地震。據史料記載，候風地動儀曾接收到震央在隴西、而洛陽人未曾感覺到的地震所引起的地面振動。

　　近百年來，隨著自然科學和社會科學的發展，張衡的這項發明引起高度的重視和深入的研究。在李約瑟所著《中國的科學與文明》一書中，對張

衡地動儀做了詳細介紹和高度評價。日本的服部一三、英國地震學家米爾（J.Milne）和日本地震學家荻原尊禮等都曾先後進行過研究。中國王振鐸經過對歷史資料的整理和研究，並總結了一些地震學家的研究成果，於1959年又將張衡的候風地動儀重新復原，陳列在中國歷史博物館內（見封面）。後來發現該模型與史料上不吻合，於是成立了以中國地震局地球物理研究所馮銳研究員為首的候風地動儀課題組，希望研製出和原先一樣的候風地動儀。

　　限於當時的製造工藝，作者認為張衡的地動儀不會是非常精緻的。從近代科學意義上看，候風地動儀不應該算作地震儀，只能是驗震器，除了功能不如近代地震儀，主要原因是它沒有時間記錄。另外，即使地面振動晃動地動儀內的擺，擺的方向也不一定能唯一地顯示出震源方向。因為地震是由P波和S波組成，它們分別造成順著波源方向前後運動和垂直波源方向的橫向運動。遺憾的是，這精巧的儀器失傳了，而且，詳細的內部機制也沒有被記錄流傳下來。直到很久以後，才發明了能真實測量地動整個過程的地震儀。但是，即使現代地震儀，也和地動儀一樣，利用的是擺的慣性原理。肯定地說，地動儀是現代地震儀的先驅。國外一千多年後才出現類似的儀器。

■第二節　現代地震儀

一、現代地震儀的誕生

　　18世紀早期，在歐洲才出現記錄地震的儀器，當時是用擺顯示地動。然而，地震儀的發展是緩慢的，早期的驗震器不能記錄地震波到達的時間，也不能給出地震動的永久記錄。

　　直到1880～1890年間，當時訪日的英國工程教授約翰・米爾（John Milne）（1850～1913）、詹姆斯・尤因（James Ewing）和湯瑪斯・格雷（Thomas Gray），在日本研製出記錄地震動隨時間變化的第一架具有科學

意義而且較爲實用的地震儀。這使地震研究由定性階段向定量階段發展。該儀器十分輕便且操作簡單，因此這種有效的工作地震儀被安裝在全世界的許多地方。事實上，在1897年加州的裏克天文臺內由加利福尼亞大學建立和管理的北美第一座地震臺上安裝的就是尤因的地震儀。在這期間（1888－1889），德國物理學家帕斯維奇（Paschwitz）研製成光記錄式水準擺，爲了研究垂線偏差意外地在德國波茨坦第一次記錄到遠震（日本1889年4月17日地震）。它的意義重大，在世界居住區和無人居住區的類似地震都可同樣地被監視到。隨著這種不受限制的全球監測，地震和地質學研究的新時代宣告開始。

20世紀前面40年期間地震儀在諸多方面又有了顯著的進步，日本大森房吉製成水準擺式地震儀，採用機械槓桿放大熏煙記錄；德國地震學家維歇特（E. Wiechert）製成倒立大型水準向及垂直向地震儀，提高了放大倍數。俄國伽利津（B. Galitzen）研製了電流計記錄式地震儀，將機械能轉換成電能，極大地提高了地震儀的靈敏度。美國人雨果・貝尼奧夫（H. Benioff）是最具有天才的地震儀製造者，他發明了更實用的儀器，儀器能記錄固定於地面相距20m的兩個方柱之間距離的變化。

二次世界大戰後，地震儀的研製又有了長足的進步。放大倍數提高到數萬倍甚至數百萬倍，同時也展寬了觀測頻率範圍。新的儀器不斷出現，運用電腦快速處理和儲存地震資料，使地震學的發展步入了一個嶄新的階段。

二、地震儀工作原理

雖然現代地震儀比米爾的地震儀複雜得多，但是所依據的基本原理是一樣的。地震儀是如何工作的呢？最粗糙的驗證地震的方法是將不同高度的小圓柱體放在一個水準的平面上，當地震發生時，這些圓柱體會倒下。不同程度的地震會導致不同穩定性的圓柱體倒下。也就是說，當地震不強烈時，只有那些最不穩定的圓柱體倒下，而地震很強時，所有的圓柱體都會倒下。這

只是簡單的一個測試地震的方法，無法精確的記錄地震的波動狀況。

當我們寫字的時候，筆在紙上移動，從而留下了痕跡；相反，如果我們保持筆不動而紙移動，我們也可以在紙上留下痕跡。這種原理可以用來記錄地震的波動情況。可能有些人會擔心，當地震發生時，紙和筆都在動，如何可以精確的記錄地震的運動情況呢？我們可以做一個小試驗。取一段長線（一公尺足矣），線上的一頭系上一個重物，用手拿住線的另一頭，將重物懸於空中，但是保持重物的底端剛好輕輕接觸地面，然後輕輕的前後左右的擺動拿著線的手，你會發現重物的低端幾乎不會移動。這其中的原理就是慣性。線一端已經隨手的移動而移動，但是重物的一端由於慣性的作用，仍然保持在原處。也許移動的手會對重物的位置產生影響，這種影響已經透過長長的線大大地削弱了。同樣的道理，如果，我們將紙放在下面，用一支可以書寫的筆代替重物，我們就可以記錄地震的波動情況了。

事實上，為了記錄更精確，平鋪的紙可以用一個隨著輪子轉動的紙圈代替，這樣，當地震沒有發生的時候，筆會在紙上留下一條直線，當地面發生與此垂直的波動時，就會在紙上留下波浪狀的記錄。不過，問題是，無法記錄與直線同方向的波動。但是，多個不同方向的裝置就完全可以彌補這些不足。由於重力存在，使得一個物體真正完全懸浮是不能實現的，地震儀中在貼地的框架上支撐一塊重物，以擺錘形式使重物儘量減少與框架的聯繫而接近自由懸浮。當地震波振動框架時，這塊重物的慣性使它落後於框架的運動。經典儀器中，這種相對運動是用筆墨記錄在旋轉鼓的紙上，或者利用光點照到膠片上產生類似記錄，這種記錄就是地震記錄圖。但現在多數情況下已經有了數位式記錄儀器。

地震時，地面同時在三個方向上運動：上下、東西和南北。地面運動可以是位移、速度或加速度，它們是隨時間變化的三維向量，一般都需要用三個互相獨立的分量才能完整描述。因此，為了研究完整的地面運動，一定要將這三個分量都記錄下來。

　　地面振動幅度的大小在很大一個量級範圍內變化。強震在震央附近產生的振動可以較背景性地面振動大9個數量級。這就需要根據不同的研究目的，設計不同的地震儀，記錄不同幅度範圍的地面振動。如用於記錄震央附近強震產生的地面振動的強震儀和用於記錄區域震的微震儀。此外，地震波是由不同週期成分的振動組成的複雜波列，其低頻端可低到0.0001Hz，其高頻信號可高到數百Hz。因此，根據不同的需求，設計用於記錄不同頻段地震波的長週期、短週期、中長週期及寬頻帶等具有不同頻率回應特性的地震儀。儘管需要設計不同類型的地震儀，以滿足各方面的需要，就基本原理而言，目前的地震儀都基本是建造在以一套彈簧—擺為拾震器的基礎上，即俗稱的擺式地震儀（見圖6.1）。

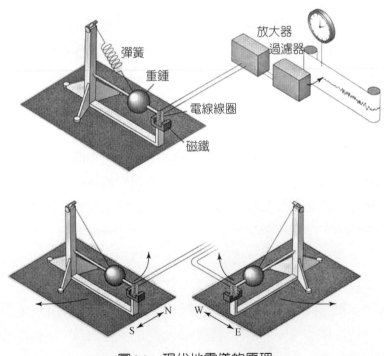

圖6.1　現代地震儀的原理

　　用繫在彈簧上的擺，記錄地震波運動的垂直分量，同時，用像門軸略有傾斜的門一樣擺動的擺，記錄與地震波運動方向成直角的兩個水平分量

常見的地震儀一般由拾震器、放大器（換能器）及記錄系統三個部分組成。拾震器是接收地面運動的一種感測器，它主要有一個擺錘，通過彈簧拴在一個能與地面一起運動的固定支架上。地震儀的放大技術是逐漸發展的。最早採用的是機械放大和光槓桿放大，將擺的運動通過槓桿放大，直接在熏煙紙上記錄或由擺反射的光寫在相紙上。這種早期地震儀的放大倍數到千倍級已經很有難度了。現代地震儀基本採用電子放大器以提高地震儀的靈敏度。此時就必須採用換能裝置，先將地面運動的機械信號轉換成電信號。目前使用最爲普及的地震換能器是電磁型換能器，其工作原理爲：在拾震器的擺錘前裝一個線圈，中心是柱形磁鋼，周圍是環形軟鐵，形成均勻的環形輻射式磁場。當擺錘運動時，帶動線圈與磁鋼產生相對運動，使部分線圈匝移出或移入磁鋼，引起線圈中磁通總量的變化，從而產生感應電動勢。地震儀的放大倍數越大，靈敏度越高。這種換能器的優點是結構簡單、靈敏度高、長期使用性能穩定。20世紀70年代中期以前的地震儀基本都是類比記錄地震儀。其主要特徵是拾震器接收到的信號經放大後，或傳輸給電流計進行照相記錄，或傳輸給記錄筆進行書寫記錄，或磁帶記錄後再重播爲書寫記錄圖。爲了操作簡便，並能在振動達到時立即見到地面運動的記錄圖，類比記錄中多數採用的是書寫記錄方式（亦稱可見記錄）。在這種記錄系統中，最常見的是，將紙繞一周黏在一個均勻、低速轉動的滾筒上，記錄筆在滾筒轉動過程中沿滾筒的軸，向一側勻速緩慢移動。平時，隨著滾筒的轉動，記錄筆在紙上畫下的是一道直線。而記錄器的另一組成部分——標準記時裝置每隔一分鐘和一小時發出標準的脈衝電流信號使記錄筆瞬間跳動，在記錄紙上畫上整分號和整時號。地面振動時，拾震器接收到的信號經放大後傳輸給固定有記錄筆的一組彈簧電磁線圈，使記錄筆向兩側來回擺動，擺動的幅度與拾取的信號大小是成正比的。滾筒的勻速轉動及記錄筆隨拾取的信號的大小及正負向兩側有規則地來回擺動，在記錄紙上就可以留下清晰的地震記錄圖。由地震記錄圖及已知的地震儀的回應函數，理論上說是可以恢復地面的真實振

動圖像的。由於類比記錄圖上的地震震相到時及地震波振幅大小只能靠人工用刻度尺讀取，存在較大誤差；如要借用電腦進行波形分析，還需要將地震波形記錄進行數位化處理；此外，類比記錄的保存及傳輸、交換均不方便。因此，隨著數位電路技術的高速發展和普及，傳統的類比記錄正逐步被數位記錄所取代。數位地震記錄就是應用一個模-數轉換器，將這類物理量（通常是電流或電壓）按某種採樣規則，在一系列時間點上進行採樣測量、計數，並保留在存貯器上。簡單地說，數位地震記錄產生的過程，就是將地面運動輸入一個線性系統，在這個系統中經由放大、模-數轉換、濾波等步驟，最後輸出數位地震記錄的過程。圖6.2是這一過程的工作框圖。

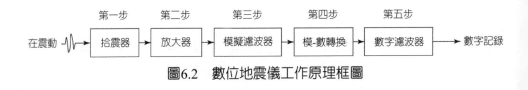

圖6.2　數位地震儀工作原理框圖

■第三節　地震站與地震觀測台網

一、地震站

地震站（seismic station）和氣象臺類似，是指利用各種地震儀器進行地震觀測的觀測點，是開展地震觀測和地震科學研究的基層機構。很久以前的地震站多是建在天文臺附近，因為可以獲得準確的時間。

米爾1895年回到英國，在維特島的賽德建立了地震站，後來該台成為著名的地震研究中心。不到幾年的時間裏，他就組建了第一個全球地震站網，10個台在大不列顛，30個台在國外。隨著在賽德的記錄積累，他開始系統地分析地震類型。地震站的數目穩步增加，到1957年《國際地震概要》（*In-*

ternational Seismological Summary）列入了大約600個地震站。國際地震概要是由米爾的賽德台的繼承者在英國操作的一個國際組織。由於米爾對地震觀測的貢獻，他被稱爲現代地震學的奠基人。

北京西山鷲峰地震站是中國自建的第一個地震站，位於鷲峰國家森林公園秀峰寺南邊。於1930年在地震學家李善邦和秦馨菱先生主持下建成，1937年日寇發動侵華戰爭後停止觀測。北京西山鷲峰地震站不僅是中國自行修建的第一座地震站，也是當時世界上一流的地震站之一，開創了中國地震研究的新紀元，也見證了中國地震研究史。

鷲峰地震站從1930年9月20日開始記錄，每月把記錄到的震相到達時間編成月報，與世界各地震站交換。到1937年7月，抗日戰爭爆發爲止，共記錄了2472次地震，中間未曾間斷過。對其中重要的地震，還參考和利用其他地震站交換來的資料，定出震央位置及震源深度等資料，進一步加以分析和研究，編成鷲峰地震研究室專報出版。鷲峰地震站的儀器設備、管理水準及記錄品質等，都已達到了當時的世界一流水準。加之鷲峰臺地處在亞洲地震站站較少的地區，所以觀測結果及研究報告很受世界同行的重視。抗日戰爭爆發後，鷲峰地震站被迫停止工作。地震站的伽利津-衛利普式電磁地震儀拆卸後運到燕京大學存放，維歇特式機械地震儀因不便拆運，留在鷲峰。抗戰期間，李善邦、秦馨菱、賈連亨等鷲峰地震站的工作人員都相繼離去，原鷲峰地震站的房屋則被抗日遊擊隊作爲指揮部之用。鷲峰地震站的歷史，從此告終。1990年鷲峰地震站建立六十周年之際，在黨和政府的關懷下，國家地震局地球物理研究所整修復原，見圖6.3。

圖6.3　鷲峰地震站

二、地震觀測台網

　　強地震發生時會造成大量人員傷亡和巨額財產損失。然而，每一次地震卻又為人類征服這種災難和探索不可見的地球內部結構留下了一份珍貴的資料。現代地震學的創始人之一伽利津有一句名言，「可以把一次地震比作一盞明燈，它點燃的時間雖短，但可照亮地球的內部」。對地震資料的收集、記錄、存儲、管理、分析和解釋，一直是地震學中最根本的內容。所有這些都離不開科學而合理的地震監測系統。觀測系統的數量、品質和密度決定了它能揭示地震運動的深刻程度。從這個意義上講，地震科學水準的提高，首先是地震觀測系統水準的提高。

　　地震觀測（seismological observation）是用地震儀器記錄天然地震或人工爆炸所產生的地震波形，並由此確定地震或爆炸事件的基本參數（發震時刻、震央經緯度、震源深度及規模等）。地震觀測之前應有一系列的準備工

作，如地震站網的佈局，台址的選定，台站房屋的設計和建築，地震儀器的安裝和調試等。儀器投入正常運轉後，便可記錄到傳至該台站的地震波形（地震記錄圖）。分析地震記錄圖，識別出不同的震相（波形），測量出它們的到達時刻、振幅和週期，再利用地震走時表等定出地震的基本參數。將所獲得的各次地震的參數編輯為地震目錄，定期以週報、月報或年報的形式出版，成為地震觀測的成果，也是地震研究的基本資料。

西元138年，中國東漢張衡在洛陽設置一台候風地動儀檢測到了一次發生在甘肅省內的地震。這是人類歷史上第一次用地震儀器檢測到地震。1889年英國人米爾（J. Milne）和尤因（J. A. Ewing）安置在德國波茨坦的現代地震儀記錄到了發生在日本的一次地震，獲得了人類歷史上第一張地震記錄圖。

20世紀60年代初期開始，美國海岸和大地測量局（USCGS）設置了120個分佈在世界各地的標準化儀器台站，稱為世界標準地震站網（WWSSN）。隨後，世界多地震的國家也陸續建立了各種尺度的地震站網。在全球範圍內，由國際地震學中心收集和整理來自世界各地約850個地震站的觀測資料，用電腦測定地震基本參數，並編輯出版國際地震央心通報（BISC）。

隨著微電子技術的發展，從20世紀70年代開始，地震觀測系統採用了將接收信號數位化後進行記錄的方式。數位記錄地震儀具有解析度高、動態範圍大、易於與電腦聯接處理的優點，十分有利於地震資料處理的快速、自動化和對地震波形的研究。由此，數字地震站站的數量快速增加，使地震觀測儀器出現了一個新的飛躍。

為了研究某一地區的地震活動，可佈置一個區域台網，由幾十個至百餘個地震站組成，各台相距數公里，或幾十至百餘公里。各台檢測到的地震信號多是用有線電或無線電方法迅速傳至一個中心記錄站，加以記錄處理。對於某些特殊任務，例如地下核爆炸的偵察，可佈設一個由幾十個地震站組成

的、排列形式特殊的台陣，使台陣對某個方向來的地震波特別敏感，並可抑制雜訊。爲了研究大震的餘震，或爲在預期將發生地震的地區觀測前震和主震，還可佈設一個由10～20個地震站組成的臨時台網或流動台網。各台所收到的地震信號多是用無線電方法傳輸至一個臨時記錄中心加以記錄，或在無人管理的地震臺上將數位地震信號記錄在硬碟上。地震活動平息後，即可轉移到其他地區進行觀測。

1983～1986年，中國地震局與美國地質調查局合作建設中國數字地震站網（CDSN）。到2000年，已有11個台，全部爲寬頻帶數位記錄。此外，中國地震局1990年以來對所管轄的國家地震站網和部分區域地震站網進行全面的數位化改造，截止到2005年國家數字地震站站擴建爲108個（參見圖6.4），並建設由1000套寬頻帶數位地震儀組成的流動觀測台網，設置資料

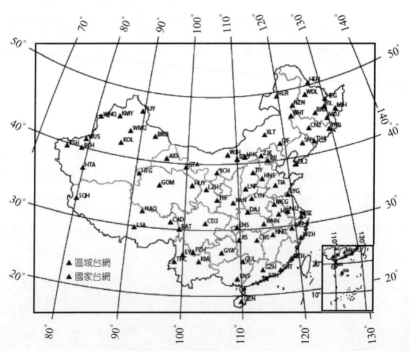

圖6.4　「十·五」期間中國地震局建立的中國基本台網地震站的分佈圖

管理中心等。臺灣地區從1990年開始實行了6年的地震觀測網路的基本建設工作，目前已佈設了700個數位強震自由面加速度記錄台，75個短週期遙測台，12個寬頻帶記錄台。特別是其強震自由面加速度記錄台網是當今世界上最密集、最先進的地震動加速度記錄台網之一，在1999年9月21日臺灣集集地震的強震記錄中發揮了重要作用，爲全世界地震學家和工程抗震設計師提供了極爲豐富的高品質近震源加速度記錄資料。

中國多地震的省份都設立了區域地震觀測網，目前全國已有20多個基準台參加了國際地震央心的資料交換。

1984年，美國57所大學聯合成立了一個叫IRIS（Incorporated Research Institutions for Seismology）的聯合體，計畫在全球設置100多個數位地震站。現在，IRIS的全球數位地震站網（GDSN）已有72個數字地震站，包括設置在中國西安的一個台（1995年併入CDSN）。另外IRIS擁有400套可攜式數位地震儀，通過PASSCAL（Portable Array Seismic Studies of the Continental Lithosphere）計畫提供給用戶進行野外觀測。IRIS的資料管理中心是目前國際數位地震資料最豐富、應用效率最高的資料中心，CDSN的記錄也能在IRIS資料管理中心檢索、下載。全世界任何人都可通過Internet網自由進入IRIS資料管理中心，並免費下載所需資料。

一般認爲，研究全球的地震活動應每隔1000km左右就設置一個設備較完善的地震站。隨著數位地震觀測儀器的發展，由國際數位地震站網聯合會（FDSN）協調在全球佈設了數百台數字寬頻帶地震站，它包括中國和美國合作建設的中國數字地震站網（CDSN）的11個地震站。中國自主建設的國家數字地震站網（NDSN）的75個台站於2000年開始觀測。

■第四節　地震定位

　　地震定位是地震學中最經典、最基本的問題之一，提高定位精度也一直是地震學應用研究的重要課題之一。地震學家們在建立地震站（網）後的首要任務就是找一種方法精確地確定震央。如果可能的話，也確定每次記錄到的地震的震源。1879年之前，沒有地震儀，通常把地震破壞最嚴重的地方定爲震央，也叫宏觀震央。利用儀器記錄進行震源定位始於歐洲和日本，最初使用方位角法，隨後是幾何作圖法和地球投影法。20世紀60年代後，電腦開始應用於地震定位，目前作圖定位法已被電腦定位法代替。爲了直觀認識地震定位的基本原理，本節介紹一種最簡單的方法，即三角測量法：透過直接的三角測量發現震央的位置。根據從其他地區地震或者爆破研究收集的時間資料，可以畫出曲線來顯示P波或S波從震源傳播不同距離所需的平均時間。這些地震傳播時間曲線（時-距曲線）是確定地震儀到震源距離的最基本工具。

　　假設在二維平面上，而且震源在地表（震源即震央），又假定有3個地震站，每一台記錄到的都是同一個地震，而且各台位於震源的不同方向上。這3個台站的觀測人員能夠讀到P波和S波的到達時間。因爲P波傳播速度比S波快，所以這兩種波傳播得越遠，它們的波前間隔的時間就越長。如果有了P波和S波到達的時間，從這兩種波型的抵達某台時間間隔將可以直接求得震源到該地震站的距離。然後，畫3個圓，每個圓以一個地震站爲圓心，以計算得到的距離（震央距）爲半徑。這3個圓將會相交於所要求的震央點。

　　這3個資料最好是來自距震央爲不同方向和不同距離的3個地震站。如果還要估算震源深度，需要第四個測量資料。

　　下面給出一個震央定位的計算實例：

　　1975年8月1日在加州的東北部奧羅維爾附近發生了規模5.7地震。這次地震的P波和S波到達BKS、JAS和MIN台站時間列在表6.1中（格林尼治時間）：

表6.1　P波、S波到達台站時間

台站	P波			S波		
	時	分	秒	時	分	秒
BKS	15	46	04.5	15	46	25.5
JAS	15	46	07.6	15	46	28.0
MIN	15	45	54.2	15	46	07.1

　　根據上面S波與P波的時間差值估算出下列震央距離。

　　分別以這些震央距離為半徑，以3個台為圓心可畫出3個圓弧，如圖6.5所顯示的那樣。注意這些圓弧並不精確地交於一點，但完全可以從重疊弧內插得到一個估算的震央： 39.5°N，121.5°W，這些讀數的誤差約10km，以此計算震央距離如表6.2所示。

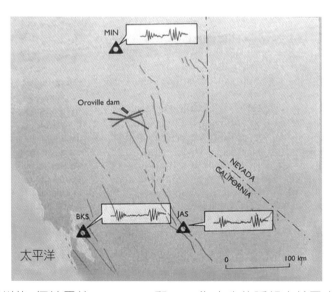

圖6.5　以加州的3個地震站BKS、JAS和MZN為中心的弧相交於震央附近——奧拉維爾大壩（引自Bruce A.Bolt,2000）

　　細線是一些主要斷層的地表位置

表6.2　據P波與S波的時間差值估算震央距離

台站	S-P/s	震央距離 / km
BKS	21.0	190
JAS	20.4	188
MIN	12.9	105

目前，透過電腦程式應用複雜的統計方法，分析許多台站P波和S波記錄，並且確定發生在世界任何地方地震的震源位置。爲保證精度，地震站必須合理地均勻地圍繞著震央佈設，而且應該有近台和遠台的均勻分佈。通過對在同一地區已知位置地震的先前記錄的校對計算，可以更精確地定位震源。今天在世界的多數地區，震央定位的精度大約爲10km，震源深度的精度更差，大約爲20km。

通過相互連接的地震記錄台可以獲得遠震的更精確的定位和地震波的測量資料。對於地震儀之間遠距離組合，這種聯繫可以借助於電纜或者無線接收器。它們使用統一高精度的時鐘提供時間標記，將某一地區原來分散的各台的記錄轉換成地震檢波器的台陣組合。對於地震分析，這種台陣的最大優點是，可以對經過相鄰地震站的地震波的相關性進行分析，並高精度地確定其變化。這種變化的梯度可以直接與理論公式計算的波的傳播路徑相比較。

■第五節　規模測定

規模是表示地震大小的等級。依據釋放能量多少，地震分爲不同規模，規模越高，釋放能量越多，破壞力越大。世界上常用「芮氏規模」標準區分地震規模。「芮氏規模」最初由地震學家查理斯‧裏克特（Charles Richter）1935年在美國加州理工學院發明的。裏克特提出按照地震儀器探測到的地震

波的振幅將地震分級。這種分級系統最初只用於衡量南加州當地的地震的大小，現在全世界地震的研究都使用這種分級系統。

　　因為地震的大小變化範圍很大，所以用對數來壓縮測量到的地震波振幅是最可行的。精確的定義是：芮氏規模ML是最大地震波振幅以10為底的對數。一種被稱之為伍德-安德森（Wood-Anderson）的特殊地震儀記錄到的振幅測量精度達到1‰mm。裏克特就以這種地震儀為標準，但他沒有指定特殊的波型，因此最大振幅可以從有最高振幅的任何波形上取得。由於一般振幅隨著距離增大而減少，裏克特又選擇距震央100km的距離為標準。按著這個定義，對一個100km外的地震，如果伍德-安德森地震儀記錄到1cm的峰值波振幅（即1‰mm的10^4倍），則規模為4（見圖6.6）。

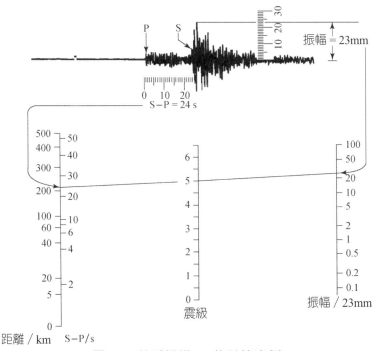

圖6.6　芮氏規模ML的計算實例

（引自Bruce A.Bolt,2000）

用一張特殊的標度圖，計算一個地震的ML的過程是很簡單的：

(1) 用S波與P波到達的時間差，計算出距震源的距離（S－P＝24秒）；

(2) 在地震記錄圖上測量出波運動的最大振幅（23mm）；

(3) 在圖6.6左邊選取適當的距離（左邊）點，在右邊選取適當的振幅點，兩點聯一直線，從它與中央規模標度線相交點可讀出M_L＝5.0。

現在，地震站常用的規模已經包括3種新的規模，標為M_S、m_b和M_W。在新聞界和大眾中仍然使用芮氏規模M_L。這是媒體引起的錯誤，因為M_L起初是專為測定南加州地方小震的大小而創立的規模，對較大的地震並不適合，例如說汶川大地震是芮氏規模8.0是不對的，其實是（表）面波規模M_S。但是，地震學界也不打算糾正這種民眾的錯誤，主要大家已經習慣了芮氏規模。總之，由於芮氏規模所用的波形沒有被限定，而且伍德-安德森地震儀僅有有限的記錄能力，因此在地震研究中ML不再廣泛使用。由於淺源地震具有易記錄到的（表）面波，地震學家們選擇週期近20秒的（表）面波的最大振幅計算規模，這樣求出的規模稱做（表）面波規模M_S，M_L規模是為了用於當地地震而提出的，而M_S規模可用於距接收台站相當遙遠的地震。對於遠距離的地震，M_S值近似地給出當地芮氏規模作補充，並且綜合地給出中強地震帶來的潛在損失的合理估計。1906年舊金山地震M_S為8.25。

M_S規模不能用於深源地震，因為深源地震不能激發顯著的（表）面波。所以地震學家們發展了第二種規模，m_b，它是根據P波的大小而不是根據（表）面波的大小確定地震的規模。所有的地震都可以清楚地讀到P波的初始，因此用P波規模m_b，有很大優點，它可以提供深源、淺源甚至遠距離的任何地震的規模值。M_L、M_S和m_b，三種規模都屬芮氏規模系統，其計算公式如下：

$$M_L = \log A + R\,(\Delta) \tag{6.1}$$

式中A為與地震記錄最大振幅相應的地動位移（μm），應取兩個水平分量最大振幅的幾何平均值計算，不過實用中常取兩個水平分量最大振幅的算術平均值；$R(\Delta)$稱為量規函數，與震央距Δ有正變關係，還與記錄儀類型有關。

$$M_S = \log\left(\frac{A}{T}\right)_{max} + c_1\log(\Delta) + c_2, \tag{6.2}$$

式中，A為地震記錄的最大（表）面波振幅的地動位移（μm，一般取雷利波兩個水準分量最大合成位移），T為相應週期（秒），c_1和c_2均為常數。

$$m_b = \log\left(\frac{A}{T}\right)_{max} + Q(\Delta, h), \tag{6.3}$$

式中，A/T為記錄的最大體波振幅（μm）及相應週期（秒），$Q(\Delta, h)$為規模起算函數，也稱量規函數，是震央距Δ和震源深度h的函數。

　　對同一地震採用不同的規模標度測量，測量值是不同的。為了統一，在各種規模標度間建立了用於換算的一系列經驗性公式。此外，對於特大型地震，用芮氏系列的規模標度測量將出現「飽和」問題。

　　用規模描述地震的大小或強度非常方便，但是這個參數沒有物理意義。在尋求地震大小有物理意義的測量中，地震學家們注意到力學的經典理論，它描述物體在力的作用下而產生的運動。一種稱之為地震矩的衡量已被廣泛採納。具體說，地震矩就是由受構造應力影響使斷裂面突然滑移的力學模型，推導出來的地震整體大小的量度。它是1966年美國地震學家安藝（Aki）提出的。現在受到地震學界歡迎，因為它與斷裂破裂過程的物理實質直接聯繫。根據它能推斷活動斷裂帶的地質特性。

　　地震矩（用M_0表示）定義為岩石的彈性剛度、施力的面積和突然滑移中斷裂的位錯量三者的乘積。這種量度的好處是，它不像基於地震波幅的量度，受到波的傳遞過程中岩石摩擦使能量耗散的影響。在適宜的情況下，地震矩能夠簡單地從在野外測量的地面破裂的長度和從餘震深度推斷的破裂深

度估算出來。

地震矩可以描述從最小到最大的地震規模變化。一個規模2和一個規模8地震之間地震矩變化6級。1906年舊金山地震造成450多公里長的聖安德列斯斷裂，估計比1989年洛馬普瑞特地震的地震矩大10倍，後者的破裂僅45km。

這種識別地震大小的方法的優點是透過分析地震記錄圖或者透過野外測量地震斷層破裂的尺寸，包括深度，就可以計算出地震矩。從任何普通的現代地震儀記錄到的地震記錄圖都可以計算出地震矩，而且該方法考慮到地震發生時出現的所有波形。由於其上述優點，現在人們多半都計算地震的矩震級，記為M_w。

M_w震級給出了地震大小更具有物理意義的衡量，特別是對最強烈地震。例如，1989年洛馬普瑞特地震（表）面波規模M_S為7.1，矩震級M_w為6.9。雖然1906年舊金山地震和1960年智利地震（表）面波規模M_S都是8.3，但是用矩震規模，舊金山地震M_w為7.9，智利地震M_w增加到9.5。

矩震規模M_w的計算公式如下：

$$M_w = \frac{2}{3}\log M_0 - 6.06 \ (M_0 單位為 N \cdot m)。 \quad (6.4)$$

由於地震波能量輻射花樣的方位性，地震波傳播路徑的影響、記錄台台基效應的影響等，不同台站即使測定同一個地震的規模值也會有所不同，這是經常發生的事情。規模是表徵地震強弱的量度，但規模的測量精度是有限的，一般認為，規模的測定精度在0.3左右。

思考題

1. 試述不同種類的地震規模的異同及其適用範圍。

2. 論述單台地震定位的原理。

第七章

地震預報

■第一節　地震災害

中國是記述和研究地震災害最早的國家，地震歷史資料極其豐富。《呂氏春秋》就已經有了對西元前12世紀「周文王八年地動」的記載。以後在各個時代的正史中，也都有地震災害的相關記載。西元132年，東漢張衡製造了世界上第一架地動儀。雖然目前已無法查考張衡地動儀的內部結構，但是我們可以確定的是張衡在當時就已經知道地震不是什麼象徵性的災異，更不是上天對統治者的一種警告，而是意識到地震是一種由一處傳到另一處的震動。

地震是一種嚴重的自然災害。下面列舉了20世紀國內外比較具有代表性的地震災害事件，這些地震無一例外給當地人民生活及生產帶來了毀滅性的打擊，還有巨大的傷亡。

1. 美國舊金山地震

1906年4月18日晨5時13分，美國舊金山市發生規模8.3地震，無數的房屋被震倒，30秒鐘的地殼震動就毀掉了人們花數十年時間才建造起來的大都市。地震引發的大火迅速蔓延。濃煙和烈火即使在100多公里以外也能看到。三天三夜後，煙火依然在天空中搖擺。此次地震後發生的大火整整燒毀了舊金山近3萬棟樓房，經濟損失當時估計爲5億美元。

2. 義大利墨西拿地震併發海嘯

1908年12月28日晨5時25分，義大利墨西拿市發生規模7.5地震。所有建築物均化爲廢墟。地震還使得近海掀起局部浪高達12m的巨大海嘯。墨西拿遭到歐洲有史以來最嚴重的地震破壞，古城化爲水淋淋的一片廢墟，甚至大地都下陷了約半公尺。此次地震在西西里以及義大利其他南部地區造成了十幾萬人的死亡，而墨西拿市死難者就達8萬多人。更糟糕的是隨之而來的饑餓和疾病還奪去了更多人的生命。

3. 日本關東地震

1923年9月1日上午11時58分,日本神奈川縣小田原近海海底發生了規模8.2大地震。震央區包括日本東京、橫濱兩大城市在內的關東南部地區。當地的交通、供水、供電設施均遭嚴重破壞,多處被夷爲平地。地震時正值日本人燒火做飯的時候,由於日本建築多爲木結構房屋,很多爐火被震倒引發了多處大火災。據統計,這次地震死亡人數共達14.3萬人,其中絕大部分人是被活活燒死的。200多萬人無家可歸,財產損失65億日元,日本全國財富的5%化爲灰燼。

4. 智利強震引發火山噴發

1960年5月21日下午3時,智利發生大地震,對於地震的規模有人認爲是規模8.3,也有人認爲高達規模9.5。這次巨大地震不僅使得幾座湖泊消失不見,兩座小山不翼而飛,許多地方夷爲平地,還使得6座火山再次噴發,又形成了3座新火山。雖然智利人在這次強震發生前,就從一些小地震央預感不妙,做好了準備,等強震一到便紛紛跑上大街,但是這次地震仍然給智利造成了約1萬人死亡或失蹤,100多萬人口的家園被毀,全國20%的工業企業遭到破壞,直接經濟損失5.5億美元。

5. 中國唐山地震

1976年7月28日凌晨3時42分53.8秒之後的23秒,對於那個年代的中國人來說,絕對是難以釋懷的23秒;而對於親身經歷那23秒並倖存下來的唐山人,這個23秒更是深深烙在他們記憶中無法消褪的痛苦與難以言表的恐怖。23秒內,地處華北的唐山發生了芮氏規模7.8的大地震;23秒內,24.2萬多人死亡,16.4萬多人重傷;23秒內,7200多個家庭全家震亡,上萬家庭解體,4204人成爲孤兒;23秒內,97%的地面建築、55%的生產設備毀壞(圖7.1);23秒內,交通、供水、供電、通信全部中斷(圖7.2、圖7.3);23秒內,直接經濟損失人民幣30億元;23秒內,一座擁有百萬人口的工業城市被夷爲平地。

圖7.1　唐山市開灤煤礦救護樓，為磚混結構人字木屋架的三層樓房，牆倒頂塌

圖7.2　震毀的唐山勝利橋

圖7.3　震後扭曲的鐵路

6. 墨西哥地震

1985年9月19日晨7時19分，墨西哥西南太平洋海底發生規模8.1地震，遠離震央約370km的墨西哥城700多幢大樓倒塌，8000多幢樓房受損，200多所學校被夷爲平地。這次地震共造成3.5萬人死亡，4萬人受傷，數十萬人無家可歸。這次災難發生後，人們調查發現，由於房屋建築高度密集和品質不過關，許多建築物的破壞和人員傷亡並不是直接來自地震，而是來自鄰近建築的倒塌。另外，城市地下水的過度開採也是墨西哥城地震災難的原因，大地沉陷變形加劇了地震災害。天災人禍讓這座全球第二大城市遭受了巨大的打擊。

地震災害對人類的生存威脅很大，據有關資料統計，僅從1970到1981年期間，在死於地震、風暴、火山、山崩、旱災、洪水和溫疫等自然災害的113萬人之中，死於地震者達44萬，占64%。地震災害與其他自然災害相比有很多不同的特點：

(1) 突發性較強。因爲地震發生一般都在一、兩分鐘內，地震災害是暫

態突發性的社會災害，地震發生時十分突然，一次地震持續的時間往往只有幾十秒，在如此短暫的時間內造成大量的房屋倒塌、人員傷亡，這是其他的自然災害難以相比的。地震可以在幾秒或者幾十秒內摧毀一座文明的城市，能與一場核戰爭相比，像2008年發生在中國的汶川大地震就相當於幾百顆原子彈的能量。事前有時沒有明顯的預兆，以致來不及逃避，造成大規模的災難，這是它的第一個特點，也是最重要的一個特點。

(2) 破壞性大，成災廣泛。地震波到達地面以後造成了大面積的房屋和工程設施的破壞，若發生在人口稠密、經濟發達地區，往往可能造成大量的人員傷亡和巨大的經濟損失，尤其是發生在城市裏，像國際上在20世紀90年代發生的幾次大的地震，造成很多的人員傷亡和損失。

(3) 社會影響深遠。地震由於突發性強、傷亡慘重、經濟損失巨大，它所造成的社會影響也比其他自然災害更為廣泛、強烈，往往會產生一系列的連鎖反應，對於一個地區甚至一個國家的社會生活和經濟活動會造成巨大的衝擊；它波及面很廣，震後對人們心理上的影響也比較大，這些因素在地震後極有可能造成一系列連鎖反應。

(4) 防禦難度大。與洪水、乾旱和颱風等氣象災害相比，地震的預測要困難得多，地震的預報是一個世界性的難題。同時建築物抗震性能的提高需要大量資金的投入，要減輕地震災害需要各方面協調與配合，需要全社會長期艱苦細緻的工作，因此地震災害的預防比起其他一些災害要困難一些。

(5) 次生災害多。地震不僅產生嚴重的直接災害，而且不可避免的要產生次生災害。有的次生災害的嚴重程度大大超過直接災害造成的損害。一般情況下次生或間接災害是直接經濟損害的兩倍，像大的滑坡都屬於次生災害，還有火災等等，在次生災害中不是單一的火災、水災、泥石流等等，還有滑坡、瘟疫等等，這些都屬於次生災害。

(6) 持續時間長。這裏有兩個方面的意思，一個是主震之後的餘震往往持續很長一段時間，也就是地震發生以後，在近期內還會發生一些比較大

的，雖然沒有主震大，但是這些餘震也會有不同程度的發生，這樣影響時間就比較長。另外一個，由於破壞性大，使災區的恢復和重建的週期比較長，地震造成了房倒屋塌，接下來要進行重建，在這之前還要對建築物進行鑑別，還能不能住人，或者是將來重建的時候要不要進行一些規劃，規劃到什麼程度等等這些問題，所以重建週期比較長。

(7) 地震災害具有某種週期性。一般來說地震災害在同一地點或地區要相隔幾十年或者上百年，或更長的時間才能重複地發生，地震災害對同一地區來講具有准週期性，就是具有一定的週期性，認為在某處發生過強烈地震的地方，在未來幾百年或者一定的週期內還可以再重複發生。

面對地震災害的毀滅性和諸多特點，20世紀60年代開始，全球一些地震研究先進的國家開展了有計劃的地震預報研究。數十年來，地震預報研究工作歷程艱難，路途坎坷，對地震能否預報的爭論也一直伴隨著地震預報研究工作的進展沒有停止過。1975年遼寧海城規模7.3地震成功預報，讓人們欣喜雀躍，以為大功告成，但一年後的河北唐山規模7.8地震的慘烈後果，給地震工作者當頭一棒。1996年Robert Geller等人在國際權威學術刊物《自然》和《科學》等雜誌上連續發表文章，提出地震不能預報，隨即，威斯等人針鋒相對地發表反對文章，引起激烈爭論。唐山地震後，中國地震工作者對國內近20次中強地震做出了有減災實效的預報，重新點燃了人們對地震預報的希望之火，但2008年四川汶川規模8.0特大地震再次讓社會對地震預報產生了質疑。如何看待地震預報呢？

■ 第二節　地震的預報及其方法概述

實現預報的能力經常被作為某一科學學科是否充分發展了的一個標誌。例如，牛頓發展了萬有引力理論，使天文學家們能作出行星運行軌道和太空船軌道的高精度定量預報。而根據大氣的溫度、壓力和水分含量測量，氣象

學家們能夠應用大氣運動的理論公式作出雖然僅是短期的，但具有一定精度的大氣環流預報和天氣預報。

一般來講，科學的預報往往需要給出現象的規模、地點及其發生的時間。在地震學中也一樣，地震的預報不是像「在某地最近要發生大地震」這類含糊的「預報」或者說法，不能同時指明地震發生的時間、地點和規模大小（這裏稱為地震「三要素」）並對其區間加以明確界定的「預報」，幾乎沒有什麼意義。此外，地震學家還用發震概率來表示預測的可信程度。所以地震學家把地震預測定義為「同時給出未來地震的位置、大小、時間和概率四種參數」，每種參數的誤差（不確定的範圍）小於、等於下列數值（Wyss，1991）：

時間：±20%地震復發時間；

位置：±破裂長度；

大小：±0.5破裂長度或規模±0.5；

概率：預測正確次數和預測總次數的比值。

人們總是期望能應用對地球內部作用力的認識預報未來地震的大小、地點和發震的時間。如果能作出非常準確的預報，就可以嚴格和充分地實施預防措施，從而大大減少生命危害和財產損失。如果我們知道作出的預報是非常不精確的，那就只能發出警告並作出有限的安排。

地震預測通常分為長期（10年以上）、中期（1年至10年）、短期（1日至數百日以下）。有時將短期預測進一步細分為短期（10日至數百日）和臨震（1日至10日及以下）預測。長、中、短、臨地震預測的劃分主要是根據需要人為地劃分，沒有科學的依據，界限既不是很明確、也不完全統一。在中國，以數年至10年、20年為長期、1年至數年為中期、數月為短期，數日至10幾日為臨震。在國外，也有以數年至數10年為長期、數周至數年為中期、數周以下為短期的。實際上，許多地震預測方法所用的地震前兆涉及的時間尺度並不正好落在上述劃分法規定的範圍內，而是跨越了上述劃分法規

定的界線。在公眾的語言中，甚至在專業人士中，對「地震預測」和「地震預報」一般不加區分，並且通常指的就是這裏所說的「地震短、臨預測」。在國際上，一些地震學家把不符合上述定義的「預測」、「預報」等等通通稱做「預報」。例如對在一段長時期內的某一不確定的時間發生地震的概率做出估計就屬於這種類型的「預測」——按這種叫法便應當叫做「預報」。提出美國加利福利亞州中部派克菲爾德在（1988±4.3）年間會有一次規模6地震，按這種叫法也是一種「預報」。若照這種說法，「長期預測」和「中期預測」便應當稱做「長期預報」和「中期預報」。在中國，也有把科學家對未來地震發生的時間、地點、大小和概率所做的相關研究的結果稱作「地震預測」，而把由政府主管部門依法發佈的有關未來地震的警報稱作「地震預報」。在地震長期預測中，通常只涉及在正常情況下地震發生的概率。這種「預測」並非是廣大公眾最為關注的、能有足夠的時間採取緊急防災措施如讓居民有足夠時間撤離到安全地帶等等的「地震短、臨預報」。即使如此，這種「預測」對於地震危險性評估、地震災害預測、抗震規範制定、地震保險等等，也是十分有用的。在評估地震預測（地震是真報對了還是碰運氣碰上的？）時，「目標規模」的大小是很重要的。理由很簡單：因為小地震要比大地震多得多（一般地說，在某一地區某一時間段內，某一規模地震的數目是規模比它大的地震的數目的8～10倍），因而更容易碰巧報對。在給定的地區和給定的時間段內要靠碰運氣報對一個M_w6.0的地震並非易事，而靠碰運氣「對應上」一個M_w5.0的地震的「預測」還是很有可能的。

　　地震是一種自然現象，有著發生的規律，掌握規律就能夠預報。但是目前對地震發生的具體過程和影響這個過程的種種因素還瞭解得不夠清楚，這就對地震預報造成了很大的困難。儘管如此，但是我們仍然可以堅信宇宙是可知的，地震預報問題的徹底解決只是時間問題而已！

　　目前研究地震預報的方法，主要在三方面：

　　(1) 地震地質方法，應力積累是大地構造活動的結果，所以地震的發生

必然和一定的地質環境有聯繫；

(2) 地震統計方法，地震成因於岩層的錯動，但地球物質是不均勻的。在積累著的構造應力作用下，岩石在何時、何處發生斷裂，決定於局部的弱點，而這些弱點的分佈常常是不清楚的。另外，地震還可能受一些未知因素的影響。由於這些原因，當所知道的因素還太少的時候，預報地震有時就歸結爲計算地震發生的概率的問題。當一種現象的物理機制還不清楚的時候，人們通常利用統計的方法去尋找它發生的概率；

(3) 地震前兆方法，地震不是孤立發生的，它只是整個構造活動過程中的一個時間。在這個時間之前，還會發生其他的事件。如果能夠確認地震前所發生的任何事件，就可以利用它作爲前兆來預報地震。

這三種方法並不是彼此獨立不相關的，而是互有聯繫的，並且如果能夠將三種方法配合使用，效果會更好。

■第三節　地震預報的地震地質方法

預報地震包括預報它發生的時間、地點和強度。地質方法是宏觀地估計地點和強度的一個途徑，可用以大面積地劃分未來發生地震的危險地帶。這種工作叫做地震區劃。它爲生產建設的規劃提供一種重要的依據。由於地質的時間尺度太大，所以，關於時間的預報，地質方法必須和其他方法配合使用。

地震是地下構造活動的反應，顯然應當發生在地質上比較活動的地區，尤其是在有最新構造運動的地區。不過老的構造帶的殘餘活動有時能持續很長的時間，偶爾也會發生地震，所以也不能完全忽略。按照斷層成因說，地震是岩層斷錯的結果，而斷錯主要是由於剪切應力。所以在地面上首先應注意剪切應力表現最大的地區。由此，地震地質工作者總結出以下一些關係：

(1) 大地震常發生在現代構造差異運動最強烈的地區（幅度不均勻而有差異的構造運動叫做構造差異運動），或活動的大斷裂附近。不同大地構造單元的交界，不同方向的斷裂帶交匯地帶或運動速度變化率（速度梯度）最大的地帶都是地震活動性最強的地帶。

(2) 受構造活動影響的體積和岩層的強度越大，則可能產生的地震也越大。反過來，對於一定強度的岩層和有限體積的構造，可能發生的規模不能超過一個最大值。實際上，岩石的強度是有限的，它的單位體積所可能積蓄的應變能也是有限的。因此地震的最大可能規模就決定於參與能量釋放的岩石體積的大小，這也是有限的。很明顯，最大的可能規模是隨地震帶而不同的。

(3) 構造運動的速度越大，岩石的強度越弱，則積累最大限度的能量所需的時間越短；於是發生地震的頻度也越高。每一個地震帶都有自己的運動速度，所以也有它自己的地震活動頻度。

(4) 在一個構造活動區裏，斷層錯動並不是在各處都同時發生，而是有時在這裏，有時在那裏。因此，如果在某一地點記錄到一次大的地震，同一規模的地震也可能在同區內其他的地點發生。

現在所見到的最新差異運動的幅度是第四紀構造活動積累的總合，而強地震所反映的只是最後的一段運動。在有些地區，第四紀後一段的運動可能有變化，但在地質構造上卻分辨不出來；地震歷史資料恰好反應這段最近期的構造活動。所以地質資料和地震歷史資料可以互相補充。這樣，地震區劃的可靠程度就決定於大地構造資料的精粗和地震歷史資料的長短。

■ 第四節　地震預報的地震統計方法

當人們對地震的物理過程認識還不夠清楚時，企圖從地震發生的記錄中去探索可能存在的規律，估計地震的危險性或發生某種強度的地震的概率，

往往採用統計的方法。統計方法的可靠程度決定於資料的多寡，因而在資料太少的時候，它的意義並不大。在中國有些地區，地震資料是很豐富的，所以在中國的地震預報工作中，這個方法也是一個重要的方面。下面介紹幾種常用的統計方法。

1. 極值預報

地震的發生具有某種分佈規律；在各單位時間內所發生的最大地震（極值）也有一定的分佈規律。由這個規律可以估計在未來一定時間內，將發生某規模地震的危險性或概率。極值預報的優點在於地震歷史紀錄往往只記下較大的地震，而遺漏較小的地震，這種遺漏對極值統計的影響不太大。用這個方法檢驗北京地區發生過的地震，結果是符合的；用於其他地震帶，也取得良好的效果。但必須指出，小震的漏記對於這一方法的影響雖然不大，但史料中最大規模的估計卻對它有很大的影響。

2. 震央遷移的預報

在同一地震帶內，震央的遷移看來是隨機的，可以用隨機轉移的概念來處理。假設地震帶分為m個區。地震在任一i區發生後，可以轉移到任一k區（$i, k = 1, 2, ... m$），但轉移概率是不同的，可以用$P_{i,k}$表示這個概率。已知最後一次地震發生於i區，則$P_{i,k}$最大的k區就是下一次最可能的發震區。應用這個方法時，還要考慮地震轉移的平穩性和多重性。此法曾用於預報中國南北地震帶的震央遷移，取得一定的效果。

3. 地震序列的概率預報

將同一地震帶大於一定規模的地震按時間順序排成一列，令各地震的相鄰時間為τ_i，最後一次地震到現在的時間為τ_0。經過變數的更換並按統計學中的標準方法檢驗新序列的正態性、平穩性、相關性及有無趨勢，從而計算在τ_0時間內無震而在$\tau_0 + \tau$時間內有震的概率。此法用於檢驗甘孜-康定地震帶上的爐霍地震（1973年2月6日，$M = 7.9$），效果良好。在其他一些地震

帶上也可應用。

4. 週期圖方法

在導致地震的未知因素中，某些因素可能帶有週期性，因而使歷史地震的強度隨時間而有起伏。假定地震強度的起伏是不同週期疊加的結果，但因有干擾存在，這些週期常被掩蓋起來。週期圖是顯示隱含週期的一種方法。將地震大小隨時間的變化過程用有限的傅立葉級數來擬合，所得的各次諧波振幅就叫做週期圖。週期圖服從於一定的概率分佈，因而可以在給定的概率下，選出比較可信的隱含週期。此法應用於汾渭地震帶時，發現這個帶上$M \geq 5$的地震序列有三個比較穩定的隱含週期，各週期分別約為245年、160年和130年。因此預計將在2044年前後，即再過約30年，汾渭地震帶將出現一個強震活動的高潮。

地震預測方面的統計方法很多，以上是幾個比較有代表性的例子。

■ 第五節　地震前兆

前兩節講述了地震預報的地質方法和統計方法。地質方法的著眼點是地震發生的地質條件和在比較大的空間、時間尺度內的地震活動的變化。統計方法所能指出的只是地震發生的概率和地震活動的某種「平均」狀態。若要明確地預測地震發生的時間、地點和強度，還是要靠地震的前兆。其實所有的地震預報方法，最後總是要歸結為求得地震發生的某種前兆；只有利用前兆才能對地震發生的時間、地點和強度給出比較肯定的預報。所以尋找地震前兆是地震預報的核心問題。在適當的地質和統計背景下去尋找前兆，是一個最易見效的方法。地震是必然會有前兆的，問題是如何識別和如何觀測它們。有些「前兆」現象可能有多種成因，不一定來源於地震；有些前兆常為別種現象所干擾，必須將此種干擾排除後，才能顯示出來；有些前兆只是一

種近距離的影響，必須在震央附近才能觀測得到，而未來震央的位置是預先不知道的。這些問題在實踐中經常遇到，需要加以研究解決。

地震前期，地殼受應力的作用，隨著時間的推移，岩石的應變在不斷的積累，當積累到達臨界值時，就會發生地震；在應變積累的時候，地球內部不斷地在發生變化。地殼內部的變化表現爲多種形式：岩石的體積膨脹、地震波速度變化等等。地殼內部的變化影響著小震活動、電磁現象等，在某些情況下還影響著地殼中的含水量和氫、氦氣體的遷移。這些變化和現象就是地震的前兆，我們只要將這些變化或者現象識別並且辨認出來，就能夠對地震的預報做出一些解釋。

一、古登堡-裏克特關係

古登堡-裏克特關係如下式：

$$\log N = a - bM，\tag{7.1}$$

式中，地震規模M，地震次數N，b即爲大小地震的比例關係。如果b值嚴重偏離正常值，即大小比例失調，當b值偏低時，則可能發生大震。但b值變化的原因和物理機制是複雜的，還有待深入探索。

1962年3月新豐江水庫規模6.0地震之前，弱震b值下降。1966年邢臺地震和1971年新疆烏什地震之前都有此現象。1976年7月28日唐山規模7.8大震之前，從1971年下半年開始，震央區附近的弱震b值先上升，後來從1973年年底開始下降，持續到1975年底；1976年年初開始回升，7月底大震發生（圖7.4）。渤海、海城等大震之前也有類似情況。而且，在空間分佈上，震央區附近是低b值區，週邊地區的b值較高。總之，大震之前小震b值的時空變化是值得注意的。

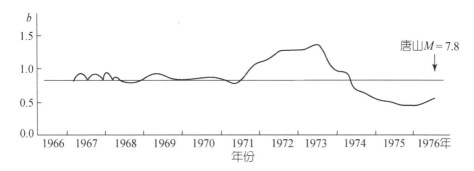

圖7.4　唐山規模7.8大震前b值隨時間的變化曲線

二、地震空區理論

在地震長期預測方面，近年來最突出的進展是板塊邊界大地震空區的確認。在環太平洋地震帶，幾乎所有的大地震都發生在利用「地震空區」方法預先確定的空區內。目前在中國，地震空區的識別也有一些成功的案例。

前面已經介紹過，地震是地下岩石中的「應變緩慢積累—快速釋放」的過程。對地震過程的這一認識是「地震空區」方法的物理基礎。基於這一認識可以推知在指定的一段斷層上，將會准週期性地發生具有特徵大小與平均復發時間的地震，這種地震稱做「特徵地震」。特徵地震的大小規模可以由在該段斷層上已發生過的特徵地震的規模予以估計，也可以根據該段斷層的長度或面積予以估計。特徵地震的平均復發時間可以由相繼發生的兩次特徵地震的時間間隔予以估計，也可以由地震的平均滑動量除以斷層的長期滑動速率予以估計。「地震空區」指的是在時間上已超過了平均復發時間、但仍未以特徵地震的方式破裂過的一段斷層（參見圖7.5）。

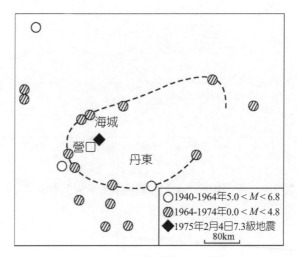

圖7.5　海城地震前的地震空區

　　1906年，地震預測的先驅者、著名的日本地震學家今村明恒在他所寫的一篇論文中曾確認東京近海的相模灣為地震空區，成功地預報了1923年東京大地震。今村明恒還曾經成功地預報了1944－1946年日本南海道大地震。原蘇聯的費道托夫是第一位用現代地震科學原理闡明地震空區概念的地震學家。他研究了1904－1963年間沿日本－千島群島－堪察加島弧一帶淺源地震震源區的空間分佈，發現這些大地震的震源區基本上是連續分佈的。他認為大地震震源區之間的空隙區便是未來最可能發生大地震的地區，稱做「地震空區」。費道托夫在他1965年發表的論文中的一幅地圖中指出了未來可能發生大地震的地區。他的預測很快就在3個地方得到驗證，即1968年5月16日日本十勝－隱歧地震，1969年8月11日南千島群島地震，以及1971年12月15日堪察加中部地震。

　　從上面可以看到，在對地震的長期預測方面，地震空區方法取得了一定的成功，其概念對於地震物理學和地震的災害評估也有著重要的意義。用這種方法預測大地震原理很直觀，看上去很簡單，做起來似乎也很容易，但是

要把它推廣應用仍有一定的困難，因為不易確定特徵地震的規模並且缺少估計復發時間所需的完整的地震記錄資料。此外，由於地震過程內部的不規則性以及地震的發生具有「空間—時間群聚」的趨勢，所以在實際應用地震空區假說同時預測特徵地震的規模與發震時間仍有困難。地下岩石中的「應變緩慢積累—快速釋放」的概念意味著在指定的一段斷層上錯動將週期性地發生，這個結果是基於依次發生的地震的應力降和兩次地震間應力積累的速率兩者都是常量的假定。但是，在實驗室內做的岩石粘—滑實驗表明兩次地震事件之間的時間間隔是變化的，應力降是不完全、不規則的，「初始應力」震前應力與「最終應力」震後應力都是不均勻的。如果初始應力均勻但震後應力不均勻，那麼只有地震發生的時間是可以預測的（這種情形稱做「時間可預側模式」）；如果初始應力不均勻但震後應力均勻，那麼只有地震的規模是可以預測的（這種情形稱做「規模可預測模式」）。

著名的派克菲爾德地震的預測就是基於「地震空區」理論。在美國西海岸聖安德列斯斷層靠近派克菲爾德（在20世紀80年代時是一個居民僅37人的小鎮）的一段斷層上，有儀器記錄以來發生過3次$M \approx 6$地震，即：1922，1934，1966年派克菲爾德地震；而在有儀器記錄以前，也發生過3次$M \approx 6$地震，即：1857，1881和1901年派克菲爾德地震。平均每22年便規則地發生一次派克菲爾德地震。派克菲爾德平均22年便發生一次$M \approx 6$地震的規則性以及1934年與1966年的派克菲爾德地震的前震活動性圖像之間的相似性使得地震學家相信這些派克菲爾德地震是以大約相同的滑動量、相隔大約22年在同一段斷層的破裂。由「同震位移」與斷層滑動速率的比值求出的地震復發時間也是大約22年。根據這些資料以及其他有關資料，美國地質調查局在1984年發出正式的地震預報，明確指出在聖安德列斯斷層靠近派克菲爾德的一段斷層上，在（1988±4.3）年（即最晚在1993年初之前）將發生一次$M \approx 6$的地震，發震概率約為95%。

　　然而到了1993年年底，預報中的派克菲爾德地震還沒有發生。美國地質調查局於是宣佈「關閉」派克菲爾德地震預報的「窗口」。年復一年，「盼望」中的派克菲爾德地震一直不來，為此，地震學家對派克菲爾德地震遲遲未發生提出了許多解釋。例如，一種解釋是1983年發生於加州科林佳的地震可能緩解了派克菲爾德地區的應力。另一種解釋是1906年舊金山大地震後應力的鬆弛效應推遲了派克菲爾德地震的發生。再一種解釋是，派克菲爾德地震序列可能根本就不是特徵地震，而是一種隨機發生的事件。

三、地震橫波縱波的波速比變化

　　當地震波通過未來震源區時，由於震源區的結構和物理狀態的變化，其傳播速度應當發生相應變化。20世紀40年代和50年代末，日本地震學家佐佐憲三、早川正巳已經開始了地震波速的研究工作，他們報導了1943年鳥取地震，1946年南海地震和1948年福井地震，在震前就發現波速度的變化。但是，由於當時可以利用的資料時間的精確度很差，所以震源位置和其他參數的誤差較大。有些情況下，較大的波速變化似乎是由震源位置的誤差造成的，因此當時他們的發現並沒有引起充分的注意。60年代初，原蘇聯科學家在其地震試驗場開展了波速比預報地震的研究工作。他們發現在塔吉克共和國加爾姆地區觀測到中強地震前波速比有變化。在每次地震前數周或數月，縱波速度和橫波速度之比先下降，然後逐漸回升，在臨震前達到甚至超過其正常值，緊接著就發生一次地震，且規模越大越早出現波速比異常。當時因為這些研究成果是用俄文發表的，因此，直到1968年Savarensky用英文介紹這些成果，才引起各國地震學家的注意。這種現象後來在其他許多地區得到證實。例如1962年4月30日日本宮城縣北部的規模6.5地震前，波速比的異常持續了一年（圖7.6）。測定波速的方法很多，這裏僅介紹應用較多的和達法。

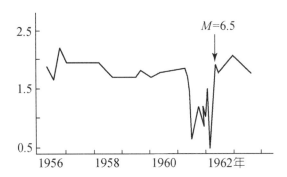

圖7.6　1962年4月日本宮城縣北部規模6.5地震前的波速比異常

平均波速比v_P/v_S可由一組和達直線方程求得。令K爲和達直線的斜率，則和達直線方程爲

$$T_{(S-P)_i} = K(T_{P_i} - T_0), \quad i = 1, 2, \ldots, n, \tag{7.2}$$

式中，n爲觀測台站總數，T_{P_i}和$T_{(S-P)_i}$分別爲第i台站的P波到時和S波、P波的到時差。平均波速比與K有如下關係：

$$\frac{v_P}{v_S} = 1 + K \tag{7.3}$$

在波速比前兆理論提出之後，美國紐約蘭山湖地區觀測到了震前波速比異常，隨之而來的大量有關震前波速異常、波速比異常等前兆現象的報導以及1975年中國海城地震的的成功預報在美國乃至全世界範圍內掀起了地震預測研究的熱潮，甚而樂觀地認爲「即使對地震發生的物理機制瞭解得不是很透徹（如同天氣、潮汐、火山噴發預測那樣），也可能對地震做出某種程度的預報」。但是很快美國的研究人員發現了加爾姆地區波速變化的可疑性，另外Whitcomb等人在對一些報導出的波速比異常重新做測量時發現結果重

複不了。

　　對當時的研究成果現在無法考證其真實性究竟如何，但是可以肯定的是在地震資料的精度上面需要加強。在閱讀有關波速變化的論文和這個領域的研究方向問題時，不要陷於波速變化機制的研究，因為波速變化方面的研究更重要的積累精確可靠的觀測資料。實際上，觀測波速變化在中長期地震預報中的重要性現在已經被普遍接受。

四、地下水位元和化學成分的變化

　　地下水具有分佈的普遍性、流動性、難壓縮性等特點。當它處於一定的封閉承壓條件時，就能客觀地、靈敏地反映地殼應力、應變狀態的變化。因此，岩體受力變形、破壞的變化過程就會透過充滿岩體中的孔隙水壓的變化反映出來，中間無需經過其他物理量的轉化，直觀而簡便。因此觀測地下水位的漲落變化，有可能捕捉到臨震資訊。中國對地下水位元進行了系統觀測和研究，是群測群防網監視臨震異常的重要內容。

　　中國對地下水氡的測量和研究，是作為水文地球化學的一部分來進行的。除了放射性氡，還有多種離子（硝酸根離子、氯離子等）可以作為地震前兆參與預報。而且發現規模7以上大震（如唐山地震）時，這些水化前兆反應，不是從震央向外推移，而是具有從週邊向震央方向推移的特點。原蘇聯對地下水氡與地震的關係做了細緻探討，他們認為：地下水中的氡等化學成分的變化，是由於地殼形變造成含水層中氣體的運移引起的。

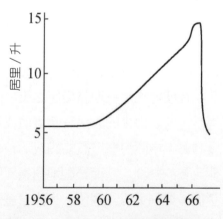

圖7.7　　1966年4月26日蘇聯塔什干規模5.3地前的水氡變化

　　例如1966年4月26日原蘇聯塔什干規模5.3地震以前，在塔什干盆地的深井的礦泉水中的水氡的含量在1961年至1965年間由5居裏／升增加到15居裏/升。在主震前半年一直保持高值。主震後迅速減少（圖7.7）。在餘震前也有類似情況。在中國、美國和日本，後來也發現了類似的例子。表7.1列出了1966年至1976年發生在中國的幾個觀測到震前氡含量異常的比較大的地震。1975年至1976年間發生的五次地震，除了1976年7月28日的唐山地震外，成功地預報了四次。唐山地震沒有預報的原因大致歸結爲兩方面原因：震前沒有觀測到特別明顯的前兆現象；當時處於動亂時期的末期，社會背景愈加動盪，多方原因導致最後預報失敗。但是僅從記載到的地球化學前兆來看，有接近百分之百的可能性發出預報。

表7.1　1966—1976年中國的地震預報和地球化學前兆

地震位置	時間	規模	地球化學前兆
渤海灣海域	1969.7.18	7.4	天津地區許多水井觀測到氡濃度增加
四川省爐霍	1973.2.6	7.9	地震前7天，在四川省姑咱（Δ＝200km）觀測到一個脈衝型的氡濃度變化（＋120%）
雲南省永善-大關	1974.5.11	7.1	四川西昌（Δ＝140km）氡濃度減少（30%）
遼寧省海城	1975.2.4	7.3	沿構造帶的許多水井顯示異常。在震央200km範圍內的井紀錄到氡濃度正異常（20%～40%）
雲南省龍陵	1976.5.29	7.5 7.6	多數井、溫泉和泉水中的氡濃度發生變化，有些例子是在460km的震央距處
河北省唐山	1976.7.28	7.8 7.1	距震央200km範圍內的20個水井觀測到氡濃度增加20%的同步變化；地下水、氣體和油類噴出等，其中77%的異常集中發生在地震前的3～5天
四川省松潘-平武	1976.8.16 1976.8.23	7.2 7.2	進行觀測的24口井中，發現10口井有氡濃度異常。其中距震央最遠的水井為550km
四川和雲南兩省交界的鹽源-寧蒗	1976.11.7 1976.12.13	6.9 6.8	距震央160km和270km的觀測井中觀測到氡濃度異常和水位的變化

　　當時這些地震的預報成功，是將各種前兆現象集中在一個機構，進行綜合研究推斷，而獲得的系統成果。其中有專業和群測人員之間的積極有效地合作，集中對地下水進行地球化學的研究和觀測起了決定性的作用。測定的內容，除了地下水的水位和氫濃度，還有湧水量和水溫等。

　　一般來說，氫濃度異常的變化是複雜的，明顯的異常是極少的。異常的曲線雖然因井而異，但應當注意的是，異常的出現與恢復的時間似乎大體相同。在許多情況下，氫濃度異常和地磁地電以及地殼的運動等等都有內部的相關性。因此可以認為，氫濃度的異常曲線反映了地殼應力的積累、釋放和恢復的過程。

　　氫濃度異常所及的範圍，一般距震央200～300km，有時遠達600km。濃度變化的幅度為20%～100%。龍陵地震時觀測到震央距、氫濃度的變化幅度和異常出現時間三者的相互關係，也就是說，距震央越近的井，異常的幅度越大，出現的時間越早。

五、地震與電磁現象

　　從18世紀後半葉以來，人們已經知道地震前或地震期間地磁場和地電流出現異常變化。電磁變化往往表現出可見的現象之一就是地光。而記錄地光現象的要算羅馬1世紀卓越的歷史學家塔西佗（西元55～120年），在他的《編年史》中記述了西元前373年一次地震的發光現象。日本也早在西元869年《三代實錄》中對陸奧地區地震海嘯的敘述中曾提到發光現象。中國普遍認為對地光描述最早的還是中國，前面引用過的《詩經·小雅·十月之交》中的周幽王二年（西元前780年）的三川地震，「燁燁震電，不寧不令；百川沸騰，山塚崒崩；高岸為谷，深谷為陵」，這就是一次典型的地光現象。

　　地震中電磁異常的視覺化表現可能還在19世紀的日本有所體現。

　　1855年11月11日20點左右，日本一家眼鏡店裏的一塊3英尺長的磁石，當時上面附著很多舊鐵釘全都掉了下來，店主十分驚奇，就想賣掉這塊磁石。由於這塊磁石非常大，他就把它放在櫥窗內，想吸引名人或封建貴族的注意。這塊磁石成了商店吸引人的招牌，不是吸鐵的磁石只是一塊石頭而已。店主認為，磁石因為年代久遠失去了它的本能，並對此感到惋惜。在22點的時候當地發生了一次大地震，磁石像過去那樣又開始吸鐵。

　　雖然以現在我們所知道的來推測，磁石在地震前兩個小時失去磁性的時間可能與地震沒有直接關係。正如一個地震學者指出的，店主可能是誤解，實際上這些鐵片是被地震搖晃下來的。但不管怎樣，人們一定擔心歷史記錄和觀測資料可能不精確。而我們現在確實發現在地震前後地磁場會發生一些變化。

　　過去報導的伴隨地震的地磁異常變化幅度大致在幾個nT的量級，這個是真實存在的。除了地磁強度變化外，傳統觀測中還包括了磁偏角和傾角變化的觀測，一般由地震所引起的磁偏角和傾角變化在10分以內。

　　地磁場本身是隨時間空間而變化的，不是恒定不變的。地磁場除了與地球外核的對流運動、太陽活動有關之外，還受地殼活動等各種地球環境的變化的影響，因此，地磁場時刻都在變化。地磁場變化存在週期性，並且有很多個週期，這些週期與外界環境相關。其變化週期可覆蓋從1s以下的快速變化到幾十萬年以上的緩慢變化，這裏就不贅述。伴隨地震而產生的地磁場異常是迭加在地磁場本身變化之上的變化，地震帶來的磁場變化基本上是一種偶發性的變化。因此，觀測並識別出地震帶來的地磁異常需要精確細緻的測量。佈設一定密度、分佈合理的台站，並且有足夠穩定性和精度的配套儀器是必不可少的。歷史上雖然提出了「壓磁效應」、「感磁效應」、「電動磁效應」和「熱磁效應」等諸多理論模式，並成功地解釋了一些震例；但實踐表明，地震過程遠非人們早期所想像的那樣單一和典型，而伴隨地震所產生

的地磁變化也越來越顯示其多樣性和複雜性。

　　地電觀測用於預報的方法，目前主要是地電阻率法。實驗和微觀機理表明，當某處地球介質的壓力、溫度、濕度、水質等條件發生變化時，其導電性能會發生變化。孕震過程會導致一定範圍內介質環境條件的改變，從而引起電阻率值改變。其變化方式和程度與介質內各部分電阻率的變化分佈有關。由於孕震過程的影響隨時間進程不同，因此導致地電阻率發生隨時間的變化。地電法作爲一種短臨預報方法在國內、外均有成功預報的震例，如海城規模7.3地震時，在其周邊一些地區就測到地電場的異常（圖7.8）。

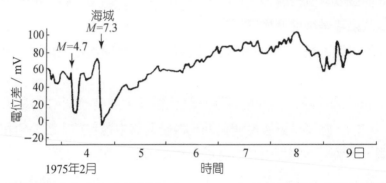

圖7.8　海城地震時分水冶金機械廠（Δ = 20km）地電場垂直分量的短臨前兆及同震效應

　　但是像所有前兆方法一樣，電磁異常的前兆方法尚存在很多的問題。如一個地震，並非所有測點都能記到電磁異常；一個測點也並非對附近所有地震都有反應。另外還有許多干擾因素，即並非所有地電場的變化都與地震有關。地震是一個複雜的過程，與地震相關的電磁信號值取決於震源地區發生的物理過程。尋找哪些地震伴有這種前兆現象和哪些地震沒有這類現象，是認識這一過程本身的有效方法。目前最重要的是盡可能排除各種干擾，系統地、全面地觀測電磁現象。

目前尚有許多與地震伴隨的各種現象（發光、生物異常等）還缺乏系統科學地研究。這些現象和電磁前兆一樣，客觀資料有限，也沒有假設來成功地解釋這些現象。為了解釋這些現象在地震預報中的作用，應加強地震電磁現象的基礎理論研究。

六、根據地面形變進行預報

一般認為，地震形變從開始積累到最後釋放共有三個階段，分別標以 α、β 和 γ。圖7.9是其典型變化圖。

α：危險地區的地殼在長期緩慢形變的基礎上出現異常；

β：危險地區的地殼形變速度劇增且發生方向改變；

γ：最後決裂，以彈性回跳方式大量釋放能量，幅度最大，方向相反。

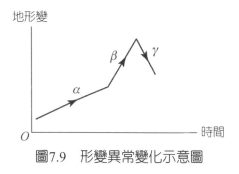

圖7.9　形變異常變化示意圖

地形變測量，一般使用包括三角測量和水準測量在內的大地測量。但大地測量只能發現 α 形變，不宜於監視 β 變形。因為 β 變形是彈性形變的累積從穩定過程變為不穩定過程的臨震異常階段，β 變形的時間短、變化急，只有用連續記錄才能奏效。應指出，金屬傾斜儀可以進行連續記錄，但受外界干擾頗為嚴重，又達不到精度要求，目前多採用長達30～100m的水管傾斜儀，重複觀測誤差不超過3μm。

　　國際上公認的地形變可以預報地震或可以顯示地震前兆的例子，是日本1964年的新潟地震（$M = 7.5$）和原蘇聯塔什干1965年（$M = 6$）地震。圖7.10為1964年日本新潟地震前後在五個測點上的地形變化。自1898～1899年開始到地震前共有五次測量結果，1964年地震之後又有兩次測量。震央區的重複大地測量表明從1898年至1955年，地殼緩慢地、穩定地上升，但從1955年開始到1959年，震央區出現近5cm的急劇隆起。從1959年至地震前變化很小，最後發生地震。地殼前兆性隆起的幅度沿著離開震央的兩個方向隨距離逐漸減小，距離大於100km時就觀測不到什麼變化。

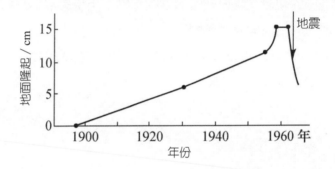

圖7.10　　1964年日本新潟規模7.5地震前的地殼形變

七、其他

　　迄今觀測到的地震前兆遠不止上述幾種。地面傾斜、地應力、P波殘差、P波和S波的振幅比、日月引力的誘發作用、地球自轉速度變化與地震的關係、氣象異常、電磁波異常、動物習性異常等等都有一些正面的例證。

八、海城地震預報過程

　　1975年2月4日19點36分，在中國遼寧省南部海城、營口一帶發生了規模7.3地震，震央地點位於海城縣當時的岔溝公社西南的北廟子地區，故稱為

海城地震。由於當時地震工作部門對這次強烈地震做了較好的預報，「在黨中央及各級黨委的統一領導下，震區黨政軍民及時採取了有力的預防措施」，使得這次地震在這個人口稠密的地區所造成的損失大大減輕。這在當時還掀起了地震預測研究的熱潮，學術界一片樂觀，甚至認爲「即使對地震發生的物理機制瞭解得不是很透徹，也可能對地震做出某種程度的預報」。但是就在海城第二年的唐山地震的巨大損失如同給地震預報的研究當頭棒喝。但是海城地震仍然被認爲是成功預報的最好實例。

　　早在1973年中期，對海城地震就有了一次預報，後來稱之爲長期預報。這次預報的根據是對這個地區及其周圍構造運動和地震活動特徵的研究得出。研究明確指出當時遼寧省是個可能發生地震的地區，這個可能發生地震的地區，其面積相當於美國的南加州，並且地震在一年半後發生，但當時對地震究竟發生在這個廣闊區域的哪一個地方和是否在幾年內發生是不肯定的。進而，從1973年底起，爲了探測各種前兆現象，加強了這個地區的觀測工作。1974年6月國家地震局召開會商會議時爲止，已經發生了各種前兆現象，其中有金縣地殼運動觀測台（海城南偏西南大約200km）的地傾斜的變化急劇增大；旅大（海城南偏西南大約250km）磁場強度劇增；遼東灣海平面大幅度上升，以及遼寧省微震活動明顯增強。這次會商會仔細分析了這些資料並得出結論，即在一兩年之內渤海北部（包括遼南和遼東半島地區）可能發生規模5～6地震。除了地點外雖然消除了最初長期預報中的一些問題，但是對於地震規模爲5～6，時間爲1～2年推定的依據則不清楚。可能並不是根據定量規律估算，而是採用各種資料綜合判斷獲得。當時日本學術界認爲「如果在日本，上述現象不足以作爲地震發生的前兆和地震的發生聯繫起來，更不會作出預報」。事實上這次會議要求加強渤海北部的預報、警報和防災工作，爲了響應這次會議的號召，遼寧省的主管部門迅速並且果斷地採取了措施。當時，他們一定會認爲第二天肯定會有大群的老鼠出洞和井水冒泡的現象，於是在接下來的7個月中，直到發佈臨震警報之前，在那麼大的

地區裏的群眾大多處於緊張狀態並且全力以赴地連續監測臨震前兆現象。

1974年的11月召開了第二次會議。到那時爲止，發現整個遼東半島向西北傾斜。會議宣佈，不久將在營口（海城西偏西南大約50km）、旅大等地區可能發生破壞性地震。這是當時所謂的中期預報，但是這次預報並不是根據明顯的前兆現象縮小地震的時間、空間和強度，而是在緊張的環境下使人們相信地震即將來臨。

1974年的12月中旬，丹東地區（海城東南150km左右）出現了井水和動物的異常現象。遼南地區的許多地方還記錄到地傾斜的急劇變化和氫異常。立即召開了一次緊急會商會，會議認爲：不久遼南地區很可能發生規模4～5地震。12月22日在海城東北70km處發生了一次規模4.8的地震。遼寧省主管部門與各地區進行了電話聯繫，敦促各地採取緊急防災措施，並召開了一次地震防災緊急會議。這猶如發了一次臨震預報，這次會議就是在現在人們所稱的「短期」預報之前召開的。接下來，整個遼南及遼東半島地區連續、廣泛地出現了井水和動物異常。金縣觀測站的地殼運動變得不穩定。1974年規模3～4地震的震央分佈出現了一個包括金縣到營口整個地區的異常震空區。根據這些異常情況，1975年1月中旬國家地震局召開的會議明確指出：1975年上半年，從營口到金縣，以及丹東地區很可能要發生規模5.5～6.0地震。這就是所說的短期預報。

到2月初，井水和動物異常越趨明顯。營口的大地電流和瀋陽（海城北偏東北130km左右）的地傾斜出現了急劇的變化。最後的緊急臨震預報是在2月1日在海城開始發生微震活動發佈的，因爲在這以前，這個地區的地震活動是很弱的。這時，地震活動集中在一個地區迅速增強並具有明顯的前兆活動特徵。2月3日開始發生有感地震。這是使遼寧省主管部門於2月4日10點鐘召開全省緊急電話會議，發出海城、營口地區可能發生一次較大地震警報的決定性因素。這是臨震預報或警報。9個半小時後，北京時間19點36分，主震發生了。

　　雖然主震正巧發生在發佈短期預報之後半個月，但這次預報給出的地震危險區太大，時間域也太長，這就是所指的短期預報。因此，這次預報似乎是對臨近大震前出現井水和動物異常的區域，確認未來有發生地震的可能性，而不是預報發生在一特定時間和地點的某一特定地震。直到主震前4天開始發生前震時為止，整個從營口到金縣和丹東的地區，是這次預報能夠確定的最小區域。這次預報的規模不到6，而實際規模為7.3。

　　雖然海城地震預報在某一意義上取得了很大成功，但是，正如所分析的那樣，很難說這是一次根據觀測前兆現象完全成功的漸進式預報。只有能起到具體觸發器作用的那種有實際意義的預報才是提出緊急措施的准長期預報和催促群眾離開住室的臨震預報。這種分析並不意味著貶低海城地震預報的功績，而是揭示地震預報本身的實質。

■第六節　地震預報的進展、困難和前景

　　對一個自然現象的預測，往往有兩種途徑。其一是研究並掌握自然現象的生成機制和受控因素，透過測定有關因數的數值，按照該自然現象的成因規律對其做出準確的預測和預報。其二是根據該自然現象與其他現象之間的關係，應用實踐中積累的大量資料，總結各種現象與預測物件之間的經驗性和統計性關係進行預測和預報。

　　地震預報也是透過上述兩種途徑進行廣泛探索，其一是關於孕震過程和地震模式的理論和實驗研究。地震預報的另一途徑是根據在長期實踐中積累的大量震例資料，總結出經驗性規律推廣應用於預測未來地震。

一、地震預報的現狀進展

　　目前，在地震預報的理論研究方面，對地震孕育過程中的前兆表現及其物理機制進行了廣泛的探討，根據實踐和理論研究結果，對地震類型及地

震前異常進行了物理解釋，並提出了一些地震孕育的理論和模式，如「紅腫學說」、「組合模式」、「膨脹蠕動模式」等。儘管這些理論實驗結果和孕震模式在解釋複雜的地震孕育問題時都遇到了許多困難，但都對地震孕育過程及其前兆現象做了不同程度的機理闡述，為地震預報提供了一定的物理基礎。

透過廣泛的實踐和深入的研究，地震預報工作從茫然無知的狀態向科學預報的方向邁出了堅實的一步，並對部分地震作了不同程度的預報，其中對海城規模7.3地震的預報，在世界上樹立了成功預報和減輕震災的先例，成為世界地震科學史上新的一頁。

二、地震預報的面臨的主要困難

但是地震預報是一個世界上尚未解決的科學難題。已經取得的進展離突破地震預報的最終目標還有相當遙遠的距離。雖然取得了部分較為成功的預報實例，但虛報、漏報和錯報還是佔有相當大的比例。近年來，世界上一些地震研究先進的國家中的地震重點監測地區，如中國的瀾滄、原蘇聯的亞美尼亞、美國的舊金山附近發生了一系列規模7以上大地震，儘管震前都有不同程度的長期乃至中期預報，但均未能作出短臨預報。究其原因，主要在於當前的科學技術水準尚未達到完全掌握地震的自身規律的程度。在這方面，雖然對地震的孕育及其前兆已取得了許多重要的認識，也提出了一些有重要學術價值的思想和觀點，但這些認識還是初步的、經驗性的。所提出的一些觀點是帶有推測性的。

那麼，地震預報究竟難在哪里？它為什麼那麼難？歸納起來，地震預報的困難主要有如下三點：地球內部的「不可入性」；大地震的「非頻發性」；地震物理過程的複雜性。

1. 地球內部的「不可入性」

地球內部的「不可入性」是古希臘人的一種說法。我們在這裏指的是人類目前還不能深入到處在高溫高壓狀態的地球內部設置台站、安裝觀測儀器對震源直接進行觀測。「地質火箭」、「地心探測器」已不再是法國著名科幻小說作家儒勒・凡爾納小說中的科學幻想，科學家已經從技術層面提出了雖然大膽、但卻比較務實的具體構想，只不過是目前尚未提到實施的議事日程上罷了。迄今最深的鑽井是原蘇聯柯拉半島的超深鑽井，達10km，德－捷邊境附近進行的「德國大陸深鑽計畫」預定鑽探15km。儘管如此，這些世界上最深的鑽井和地球平均半徑（6370km）相比，達到的深度還只是「皮毛」，況且這類深鑽並不在地震活動區內進行，雖然其自身有著其他重大的科學意義，但還是解決不了直接對震源進行觀測的問題。國際著名的俄國地震學家伽利津曾經說過：「可以把每個地震比作一盞燈，它燃著的時間很短，但照亮著地球的內部，從而使我們能觀察到那裏發生了些什麼。這盞燈的光雖然目前還很暗淡，但毋庸置疑，隨著時間的流逝它將越來越明亮，並將使我們能明瞭這些自然界的複雜現象……」。

這句話非常動人，這個比喻十分貼切！不過，話雖然可以這麼說，真要做起事情來卻沒有這麼簡單。因為地震的地理分佈並不是均勻的，全球的地震主要發生在環太平洋地震帶、歐亞地震帶以及中洋脊地震帶這三條地震帶，並不是到處都有「燈」，所以地震這盞「燈」並沒有能夠把地球內部的每個角落全照亮！何況地球表面的約70%為海洋所覆蓋，地震學家只能在地球表面（在許多情況下是在占地球表面面積僅約30%的陸地上）和距離地球表面很淺的地球內部（至多是幾公里深的井下）、用相當稀疏、很不均勻的觀測台網進行觀測，利用由此獲取的、很不完整、很不充足、有時甚至還是很不精確的資料來反推「反演」地球內部的情況。地球內部是很不均勻的，也不怎麼「透明」，地震學家在地球表面上「看」地球內部連「霧裏看花」都不及，他們好比是透過濃霧去看被哈哈鏡扭曲了的地球內部的影像。凡此

種種都極大地限制了人類對震源所在環境及對震源本身的瞭解。

2. 大地震的「非頻發性」

大地震是一種稀少的「非頻發」事件，大地震的復發時間比人的壽命、比有現代儀器觀測以來的時間長得多，限制了作爲一門觀測科學的地震學在對現象的觀測和對經驗規律的認知上的進展。迄今對大地震之前的前兆現象的研究仍然處於對各個震例進行總結研究階段，缺乏建立地震發生的理論所必需的切實可靠的經驗規律，而經驗規律的總結概括以及理論的建立驗證都由於大地震是一種稀少的「非頻發」事件而受到限制。作爲一種自然災害，人們痛感震災頻仍可是等到要去研究它的規律性時，又深受「樣本」稀少之限（當然，這句話的意思不是說希望多來大地震）！

3. 地震物理過程的複雜性。

從常識上說，不言而喻，地震是發生於極爲複雜的地質環境中的一種自然現象，地震過程是高度非線性的、極爲複雜的物理過程。地震前兆出現的複雜性和多變性可能與地震震源區地質環境的複雜性以及地震過程的高度非線性、複雜性密切相關。

從專業技術的層面具體地說，地震物理過程的複雜性指的是地震物理過程在從宏觀至微觀的所有層次上都是很複雜的。例如，宏觀上，地震的複雜性表現在在同一斷層段上兩次地震破裂之間的時間間隔長短不一，變化很大，地震的發生是非週期性的；地震在很寬的規模範圍內遵從古登堡-裏克特定律；在同一斷層段上不同時間發生的地震其斷層面上滑動量的分佈圖像很不相同。大地震通常跟著大量的餘震，而且大的餘震常常還有自己的餘震，等等。就單個地震而言，地震也是很複雜的，如：發生地震破裂時，破裂面的前沿的不規則性；地震發生後斷層面上的剩餘應力震後應力分佈的不均勻性；等等。在微觀上，地震的複雜性表現在地震的起始也是很複雜的，先是在「成核區」內緩慢地演化，然後突然快速地動態破裂、「級聯」式地

驟然演變成一個大地震。這些複雜性是否彼此有關聯？如果有，是什麼樣的一種關係？非常值得深究。從基礎科學的觀點來看，研究地震的複雜性有助於深入理解地震現象和類似於地震的其他現象的普適性。反過來，對於地震現象和類似於地震的其他現象的普適性的認識必將有助於深化對地震現象的認識從而有助於預防與減輕地震災害。

三、地震預報的前景

1. 地震是可預測的

目前地震預測的困難主要是源於我們不可能以高精度測量斷層及其鄰區的狀態，以及對於其中發生的物理定律仍然幾乎一無所知。那麼如果這兩方面的情況能有所改善，將來做到提前幾年的地震預測還是有可能的。提前幾年的地震預測的難度與氣象學家目前做提前幾小時的天氣預報的難度是差不多的，只不過做地震預測所需要的地球內部的資訊遠比做天氣預報所需要的大氣方面的資訊複雜得多，而且也不易獲取，因為這些資訊都源自地下地球內部的「不可入性」。這樣一來，對地震的可預測性的限制是因為得不到極其大量的資訊，只要假以時日，不斷積累資料資訊，那麼我們在未來的某一天必然能夠對地震實現預測。

2. 實現地震預測的途徑

(1) 依靠科技進步和科學家群體

地震預測面臨的困難，不是今天才冒出來的，也不是今天的新「發現」；地震預測研究的這些性質或特點本質上也是包括地震學在內的固體地球科學的性質或特點。困難既是挑戰，也是機遇。事實上，一部近代地震學的歷史也就是地震學家不斷迎接挑戰、不斷克服困難、不斷前進的歷史。解決地震預測面臨的困難的出路既不能單純依靠經驗性方法，也不能置迫切的社會需求予不顧、坐待幾十年後的某一天基礎研究的飛躍進展和重大突破。

經過幾代地震學家的努力，對地震的認識有很大進步，然而不瞭解之處仍然很多。目前地震預測的能力還是很低，與迫切的社會需求相去甚遠。科學家在當前的研究基礎上應該勇負責任，把當前有關地震的資訊如實地傳遞給公眾，應當說實話，永遠說實話！另一方面，科學家應當傾其所能把代表當前科技最高水準的知識用於地震預測。做到這兩點，通過長期的探索，依靠科技的進步和科學家的努力，我們終有一天會取得地震預報事業的成功。

(2) 強化對地震及其前兆的觀測

為了克服地震預測面臨的觀測上的困難，近年來地震學家在世界各地大量佈設地震觀測台網，形成了從全球性至區域性直至地方性的多層次的地震觀測系統。但是在大多數地區，限於財力和自然條件，台網密度仍然很低，台距比較大。因此現在的狀況是：一方面是「資訊過剩」，目前的數位地震站網產出的大量資料使用得不夠，不能充分利用，造成浪費；另一方面則是「資訊饑渴」，台網某些地區密度低、台距很大，以至於在檢測地震或開展地震研究時，感到資料不足。因此，地震學家應努力變「被動觀測」為「主動觀測」，在規則地加密現有固定式台網的基礎上，重點監測與研究地區佈設流動地震站網，進一步加密觀測，改善由於台距過大、不利於分析解釋地震記錄的狀況；並且不但利用天然地震震源，而且也運用人工震源，這樣能獲得更多更精細的資訊。

在地震前兆觀測與研究方面，應繼續強化對地震前兆現象的監測、拓寬對地震前兆的探索範圍，構制自由度較小的定量的物理模式進行類比、反復驗證，或許可以更快地闡明地震前兆與地震發生的內在聯繫，實現地震預測。實際上，一個大地震發生之時其釋放的能量數量級達10^{15}焦耳，如此之大的釋放能量，在地震發生之前不可能不透露出任何資訊。目前已知的地震前兆如前所述，包括涉及了地球物理、地質、地球化學等眾多的學科。在現有基礎上，還應當積極探索新的前兆，並加強多學科的合作：20世紀90年代以來，空間對地觀測技術和數位地震觀測的進步，使得觀測技術有了飛躍

式的發展；全球定位系統、衛星孔徑雷達干涉測量術等在地球科學中的應用為地震預測研究帶來了新的機遇，多學科協同配合和相互滲透是尋找發現與可靠地確定地震前兆的有力的手段。

(3) 堅持地震預測的科學實驗——地震預測實驗場

地震既發生在板塊邊界、也發生在板塊內部，地震前兆出現的複雜性和多變性可能與地震發生場所的地質環境的複雜性密切相關。因地而異、即在不同地震危險區採取不同的「戰略」，各有側重地檢驗與發展不同的預測方法，不但在科學上是合理的、而且在財政上也是經濟的。應重視充分利用中國的地域優勢，總結包括中國的地震預測實驗場在內的世界各國的地震預測實驗場經驗教訓，通過地震預測實驗場這樣一種行之有效的方式，開展在嚴格的、可控制的條件下進行的、可用事先明確的可接受的準則予以檢驗的地震預測科學實驗研究選准地區，多學科互相配合，加密觀測，監測、研究、預測預報三者密切結合，堅持不懈，可望獲得在不同構造環境下斷層活動、形變、地震前兆、地震活動性等等的十分有價值的資料，從而有助於增進對地震的瞭解、攻克地震預測難關。

(4) 加強國內外的研究合作

地震預測研究深受缺乏作為建立地震理論的基礎的經驗規律所需的「樣本」太少所造成的困難之限制。目前在刊登有關地震預測實踐的論文的絕大多數學術刊物中幾乎都不提供相關的原始資料、以致其他研究人員讀了之後也無從作獨立的檢驗與評估，此外，資料又不能共用這些因素加劇了上述困難。應當正視並改變地震預測研究的實際上的封閉狀況，廣泛深人地開展國內、國際學術交流與合作。加強地震資訊基礎設施的建設，促成資料共用充分利用資訊時代的便利條件，建立沒有圍牆的、虛擬的、分散式的聯合研究中心，使得從事地震預測的研究人員，地不分南北東西，人不分專業機構內外，都能使用儀器設備、獲取觀測資料、使用計算設施和資源、方便地與同行交流切磋。

目前，地震預測作為一個既緊迫要求予以回答、又需要通過長期探索方能解決的地球科學難題的確非常困難。但是，特別需要樂觀地指出的是，與40多年前的情況相比，地震學家今天面臨的科學難題依舊，並未增加然而這些難題卻比先前暴露得更加清楚。20世紀60年代以來地震觀側技術的進步、高新技術的發展與應用為地震預測研究帶來了歷史性的機遇。依靠科技進步、強化對地震及其前兆的觀測、開展並堅持以地震預測實驗場為重要方式的地震預測科學實驗、系統地開展基礎性的對地球內部及對地展的觀測、探測與研究，堅持不懈，對實現地震預測的前景是可以審慎地樂觀的。

■ 第七節　應震措施

破壞性地震從人感覺震動到建築物被破壞平均只有12秒鐘，在這短短的時間內你千萬不要驚慌，應根據所處環境迅速作出保障安全的抉擇：

(1) 大地震時不要急

如果住的是平房，那麼你可以迅速跑到門外。如果住的是樓房，千萬不要跳樓，應立即切斷電閘，關掉煤氣，暫避到洗手間等跨度小的地方，或是桌子，床鋪等下面，震後迅速撤離，以防強餘震。

(2) 人多先找藏身處

學校，商店，影劇院等人群聚集的場所如遇到地震，最忌慌亂，應立即躲在課桌，椅子或堅固物品下面，待地震過後再有序地撤離。教師等現場工作人員必須冷靜地指揮人們就地避震，決不可帶頭亂跑。

(3) 遠離危險區

如在街道上遇到地震，應用手護住頭部，迅速遠離樓房，到街心一帶。如在郊外遇到地震，要注意遠離山崖，陡坡，河岸及高壓線等。正在行駛的汽車和火車要立即停車。

(4) 被埋要保存體力

如果震後不幸被廢墟埋壓，要儘量保持冷靜，設法自救。無法脫險時，要保存體力，盡力尋找水和食物，創造生存條件，耐心等待救援。

(5) 避震要點：身體應採取正確的姿勢

震時是跑還是躲，中國多數專家認為：震時就近躲避，震後迅速撤離到安全地方，是應急避震較好的辦法。避震應選擇室內結實、能掩護身體的物體下（旁）、易於形成三角空間的地方，開間小、有支撐的地方，室外開闊、安全的地方。

身體應採取的姿勢：伏而待定，蹲下或坐下，儘量蜷曲身體，降低身體重心。

抓住桌腿等牢固的物體。

保護頭頸、眼睛、掩住口鼻。

避開人流，不要亂擠亂擁，不要隨便點燈火，因為空氣中有易燃易爆氣體。

地震平靜區內很少發生災害性地震，所以大家完全沒有緊張的必要。但是如果是在地震高發期或者多地震的國家或者地區，最好做好家庭防震準備：

制定家庭防震計畫，準備好必要的防震物品：常年儲備食品和飲料，準備一個家庭防震包，放在便於取到處；進行一個家庭防震演練，練習「一分鐘緊急避險」，進行緊急撤離與疏散練習。

根據政府或有關部門的防震要求，檢查並及時消除家裏及周邊不利防震的隱患，加固住房。女兒牆、高門臉等笨重的裝飾物應拆掉。

合理放置傢俱、物品：把牆上的懸掛物取下來或固定住、防止掉下來傷人；把易燃易爆和有毒物品放在安全的地方；清理雜物，讓門口、樓道暢通；陽臺護牆要清理，花盆雜物拿下來；固定高大傢俱，防止傾倒砸人；傢俱物品擺放做到「重在下、輕在上」；把牢固的傢俱下騰空，以備震時藏

身。

思考題

1. 地震可以預報嗎？試述理由。

2. 2010年4月26日，在浙江金華市婺城區湯溪鎮西祝村，密密麻麻的小蟾蜍佈滿了村裏的水泥路和民居菜園、空地上。村民們稱，小蟾蜍聚集的情況在附近一萬多平方公尺的範圍內都可看到，總量至少有10萬多隻。這種情況幾十年未見，很多人開始擔心天有異象、金華會發生破壞性地震。背景資料：據國外媒體報導，科學家研究發現，蟾蜍能夠提前5天探知地震的發生。

請用你學過的地震學知識對浙江的上述事件做出評述。

3. 臺灣南投一位自稱熟知易經的教師王超弘在網路上預言，臺灣在2011年5月11日10點42分37秒將會發生毀滅性的大災難，先是有芮氏規模14的大地震，造成臺灣101大樓斷成三截、景福門1.7秒就倒塌，接著17日會有高達170m的海嘯侵襲臺灣，最後臺灣會以濁水溪為界，分成兩半，直到8月27日所有浩劫才會平息，預計會有上百萬的民眾死於非命。為了躲避他所預言的毀滅性災害，他特別設計並自建了避難貨櫃屋，裏面各種民生物資一應俱全。他一時走紅網路。王超弘發佈地震預言後，很多學者專家紛紛駁斥這純屬無稽之談，但部分臺灣媒體不斷報導此事，一定程度上推波助瀾，增添了民眾恐慌。然而11日全天，臺灣都是在風平浪靜中度過，沒有發佈任何地震警報，謠言也就不攻自破。預言證實是謠言後，民眾高喊著要「王老師」出來給個交代。當地警方介入，對其進行約談。

請你根據地震學知識，對此事做個評述。

第八章

宏觀地震學

　　多數人想到地震預報時，想的都是預測未來地震的時間、地點和規模，事實上預測地面震動的強度和持續時間也同等重要。這種綜合的預報不僅是一門成熟學科的標誌，而且對理解地震破壞程度怎樣隨地點而變化和可能發生什麼樣的損壞模式至關重要。

　　在經常發生地震的地區，所有重要設施，如醫院、大橋、大壩、高層建築、電廠和海上油井平臺都必須考慮建築的抗震能力。當工程師們爲一特定地區設計一抗震設施時，他們依據對地面震動的預測來估計該設施在其使用期間可能經受的最大地面振動，從而定出設施的建設標準。

■第一節　震度和地震震度區劃

一、震度

　　由於震源深淺、震央距大小、地質結構等不同，地震造成的破壞也不同。規模大，破壞力不一定大；規模小，破壞力不一定就小。所以，要反映地震實際的破壞程度，使用規模是不恰當的，這時要採用震度。

　　一次地震對某一地區的影響和破壞程度稱地震震度（seismic intensity），簡稱爲震度，用I表示。一般而言，規模越大，震度就越大。同一次地震，震央距小震度就高，反之震度就低。影響震度的因素，除了規模、震央距外，還與震源深度、地質構造和地基條件等因素有關。

　　震度代表地震的實際破壞程度，這個概念的建立是和「地震震度表」的編訂聯繫在一起的。震度表通常把在地面上感受到的地震強烈程度，從無感到毀滅，劃分爲若干「度」，以宏觀的地震影響，如人的感覺，物體的反應，建築物的破壞，地面景觀的變化等現象，作爲劃分震度的標準。因此也有人把震度定義爲地震破壞性的尺度，或爲地震造成的影響的尺度。儘管提法不一，但其含義基本上是一致的。

地震震度應當同地震規模嚴格區分。對於某次地震，規模是個定值，是指地震所釋放的能量的級別而言，代表著這次地震的大小。震度則在同一次地震中因地而異。一般震央所在地區震度最高，稱爲極震區。隨著震央距的增大，震度總的趨勢是逐漸降低，但由於種種其他因素的影響，難免有起伏不定的變化。圖8.1是2008年5月12日四川汶川地震震度分佈圖。

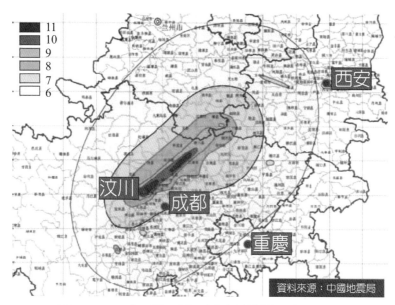

圖8.1　2008年5月12日四川汶川地震震度分佈圖

二、震度表

　　震度表也稱地震震度表，即把人對地震的感覺、地面及地面上房屋器具、工程建築等遭受地震影響和自然破壞的各種現象，按照不同程度劃分等級，依次排列成表，稱爲「地震震度表」。目前，世界上震度表的種類很多，以十二度較普遍，此外尚有七度表和十度表等。中國採用十二度表。

　　最早震度表是1564年在義大利出現的。以後幾百年，各國研究者陸續修

訂了幾十種震度表，但只有幾種流行於世。許多國家訂有具有本國特色的震度表。（日本沿用日本氣象廳震度表，以無感為零度，將有感範圍分為10度。）原蘇聯自20世紀50年代初以來採用蘇聯科學院地球物理研究所編訂的震度表，分12度，同國際習慣一致。1964年，由於要求制訂一個全世界通用的震度表的呼聲高漲，在國際地震學和地震工程會議上採用梅德韋傑夫（C. B. Медведев）、施蓬霍伊爾（W. Sponheuer）和卡爾尼克（V. Karnik）三人起草的震度表作為試行的國際震度表，簡稱MSK震度表，這個表附有對應於震度的地面加速度、速度和地震計位移。中國於1957年制定了《新的中國地震震度表》，同原蘇聯的震度表相近。1980年又編訂了《中國地震震度表（1980）》（見表8.1），對前表作了很大簡化，並加入了加速度和速度的尺度。

表8.1　中國地震震度表（1980）

震度	在地面上人的感覺	房屋震害程度		其他震害現象	水準向地面運動	
		震害現象	平均震害指數		峰值加速度（m/s^2）	峰值速度（m/s）
I	無感					
II	室內個別靜止中人有感覺					
III	室內少數靜止中人有感覺	門、窗輕微作響		懸掛物微動		
IV	室內多數人、室外少數人有感覺，少數人夢中驚醒	門、窗作響		懸掛物明顯擺動，器皿作響		

震度	在地面上人的感覺	房屋震害程度		其他震害現象	水準向地面運動	
		震害現象	平均震害指數		峰值加速度（m/s²）	峰值速度（m/s）
V	室內普遍、室外多數人有感覺，多數人夢中驚醒	門窗、屋頂、屋架顫動作響，灰土掉落，抹灰出現微細裂縫，有簷瓦掉落，個別屋頂煙囪掉磚		不穩定器物搖動或翻倒	0.31（0.22～0.44）	0.03（0.02～0.04）
VI	多數人站立不穩，少數人驚逃戶外	損壞：牆體出現裂縫，簷瓦掉落，少數屋頂煙囪裂縫、掉落	0～0.10	河岸和鬆軟土出現裂縫，飽和砂層出現噴砂冒水；有的獨立磚煙囪輕度裂縫	0.63（0.45～0.89）	0.06（0.05～0.09）
VII	大多數人驚逃戶外，騎自行車的人有感覺，行駛中的汽車駕乘人員有感覺	輕度破壞：局部破壞，開裂，小修或不需要修理可繼續使用	0.11～0.30	河岸出現坍方；飽和砂層常見噴砂冒水，鬆軟土地上地裂縫較多；大多數獨立磚煙囪中等破壞	1.25（0.90～1.77）	0.13（0.10～0.18）
VIII	多數人搖晃顛簸，行走困難	中等破壞：結構破壞，需要修復才能使用	0.31～0.50	幹硬土上亦出現裂縫；大多數獨立磚煙囪嚴重破壞；樹稍折斷；房屋破壞導致人畜傷亡	2.50（1.78～3.53）	0.25（0.19～0.35）

震度	在地面上人的感覺	房屋震害程度		其他震害現象	水準向地面運動	
		震害現象	平均震害指數		峰值加速度（m/s²）	峰值速度（m/s）
IX	行動的人摔倒	嚴重破壞：結構嚴重破壞，局部倒塌，修復困難	0.51～0.70	幹硬土上出現地方有裂縫；基岩可能出現裂縫、錯動；滑坡坍方常見；獨立磚煙囪倒塌	5.00 (3.54～7.07)	0.50 (0.36～0.71)
X	騎自行車的人會摔倒，處不穩狀態的人會摔離原地，有拋起感	大多數倒塌	0.71～0.90	山崩和地震斷裂出現；基岩上拱橋破壞；大多數獨立磚煙囪從根部破壞或倒毀	10.00 (7.08～4.14)	1.00 (0.72～1.41)
XI		普遍倒塌	0.91～1.00	地震斷裂延續很長；大量山崩滑坡		
XII				地面劇烈變化，山河改觀		

注：表中的數量詞：「個別」為10%以下；「少數」為10%～50%；「多數」為50%～70%；「大多數」為70%～90%；「普遍」為90%以上。

三、地震震度區劃

地震震度有重要的應用：在地震發生之後，可以根據各地震度的評定繪製等震線圖以反映地震影響的全貌及其衰減規律；可以從等震線圖的形態推論震源機制的特徵；從震度的分佈異常研究場地條件對地面震動的影響；還

可以以震度爲背景來總結建築物的抗震經驗。古代的歷史地震資料，一般只有地震現象的描述，沒有儀器記錄，也只有透過宏觀震度的概念來加以整理和利用。在防禦地震方面，全世界各國通常把國土劃分爲地震危險程度不同的地區，建立不同的設防標準，稱爲地震震度區劃。建築物的抗震設計通常是在一定地震震度（宏觀震度或地面運動物理參數）的前提下進行。這個震度的評定需要進行特別的調查。

震度定量：從抗震設計的要求來看，宏觀標誌不能直接應用，要有表徵地面運動的物理量供設計採用。有些國家的抗震設計規範規定了與地震震度相應的地震加速度，但各國的取值不一。

基本震度：一個地區未來50年內一般場地條件下可能遭受的具有10%超越概率的地震震度值稱爲該地區的基本震度，相當於475年一遇的最大地震的震度，基本震度也稱爲偶遇震度或中震震度。

工程地震的震度區劃是一項重要工作，就是用地震歷史和地震地質資料，對全國各個地區在預定的時間內地震發生的大小和可能性作出預測，編制成地震震度區劃圖，作爲工程建設抗震設計的依據。

1976年中國頒發了《中國地震震度區劃圖》，比例尺爲三百萬分之一，圖8.2用等震度線表示出從1974年至2073年的100年內各地區可能普遍遭遇的最大地震震度。

《中國地震震度區劃圖》編圖的原則和方法是，以地震區、帶作爲區劃的基本單元，在運用綜合分析方法確定未來百年地震趨勢和地震危險區的基礎上，結合地震宏觀影響場的分析，進行地震震度區劃。具體步驟和方法如下。

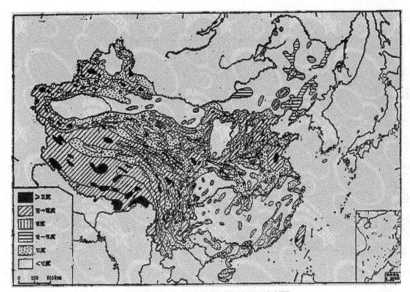

圖8.2　中國地震震度區劃圖

1. 進行地震區、帶的劃分

根據區域地震活動、地震地質條件的共同特徵和相關程度劃分地震區、帶，並以其作為研究地震活動規律、發震構造條件及地震影響特徵的基本單元。全國共劃分為3個地震區，23個地震亞區和30個地震帶。

2. 進行地震活動性分析

透過地震活動性分析，對未來地震趨勢和地震危險區的判定提供依據。其主要工作內容有：

(1) 地震資料的整理與編目。通過對歷史地震資料的整理、復核和調查，共增補歷史地震54次；對244次地震的參數作了修改；編輯了西元1177至1976年8月31日的《中國地震編目》，彙集規模4.7以上3133次。此外，還研究了大量微小地震資料。

(2) 地震活動空間分佈特徵的研究。根據地震活動性的強弱，將全國劃

分為三類不同的地區：地震活動強烈的地區，指地震強度大、頻度高的地區；地震活動中等的地區，指地震強度大、頻度較低的地區；地震活動較低的地區，指地震強度小、頻度低和強震零星分佈的地區。

(3) 地震活動期的分析。按地震活動期的長短將全國一些地震區分為三類：地震活動期為300～400年的地震區，如華北、華南等；地震活動期為100年左右的地震區，如新疆中部、青藏高原中部等；地震活動期為幾十年的地震區，如臺灣地震區的東部地區和青藏高原南部地震區等。

(4) 地震發展階段分析。先將中國各地震帶每個地震活動期劃分為四個發展階段：應變積累階段、應變釋放階段、應變大釋放階段、剩餘應變釋放階段；然後分析每個地震帶當前所處的發展階段，由此可估計該區近期的地震危險性。

(5) 規模-頻度關係的分析。計算各地震區地震的規模-頻度關係$\log N = a - bM$中的係數a、b，用以預測各地震區今後可能發生的各級地震的次數。

(6) 強震重複性的研究。研究表明，中國大陸地區的強震，原地重複發生的比例是很小的。例如，規模6～6.9地震原地重複發生的只占14.8%；規模7～7.9地震為10.3%；規模8以上地震尚無原地重複的先例。這項研究對於地震危險區的確定很有意義。

(7) 強震遷移特徵的研究。強震遷移有多種形式，如單向遷移、往返遷移和不規則遷移等。由於其現象比較複雜，這種方法只能作為估計地震危險區的參考。

(8) 強震填空性的研究。統計了中國歷史上有填空特徵的近40次地震的規模與空區長度或面積的關係，由此可為確定未來地震的強度提供依據。

(9) 數理統計方法的應用。主要應用了以下三種數理統計方法：極值統計、線性預測、馬爾科夫模型。前者可以預測今後百年內研究區發生各級地震的個數和最大規模；線性預測方法則可用來估計各地震區（帶）未來100年內地震發生的時間和強度。

3. 利用地震構造條件類比法判定地震危險區

編圖中應用地震構造條件類比法判定地震危險區的主要依據如下：

(1) 第四紀活動斷層與強震關係最爲密切。斷層規模越大，地震越強；斷層帶的拐彎地段、端部，不同斷層的交匯部位以及差異活動強烈地段，是強震最易發生的部位。

(2) 地震與盆地的發育類型和成因類型有關。強震主要與斷陷盆地關係密切，拗陷盆地一般無規模6以上地震；在斷陷盆地中，強震往往發生在地塹型、複合型和斷裂型盆地中。

(3) 新構造活動強烈的地槽褶皺帶和地台區比其他穩定區易發生強震；新構造分區的邊界帶比其內部易於發生強震。

(4) 形變速率、梯級帶和形變範圍大的地區或地帶易於發生強震。

(5) 重、磁異常帶的畸變、轉折、不同方向異常帶的相交部位，以及正、負異常的交替頻繁地段和局部突變帶是強震易於發生的地方。

(6) 莫霍面陡坡帶及其扭曲部位、凹槽帶的邊緣和強烈變化帶亦是強震活動區。

4. 確定地震宏觀影響場

地震宏觀影響場是指地震在地表所造成的影響及其分佈狀況，用震度表示。震例分析的結果表明，地震宏觀影響場有以下特點：

(1) 多數地震極震區的長軸方向與發震構造走向一致，一般與區域構造方向也近於一致。當發震構造方向與區域構造方向不一致時，可能出現極震區和影響區不一致的現象；當構造方向複雜或不清楚時，可能出現不規則形狀分佈。

(2) 地震等震度線一般均圍繞極震區呈橢圓形分佈，長軸方向較短軸方向衰減慢。長短軸比值在極震區最大，最高可達5.3～5.6；在週邊地區逐漸降低，一般為1.1～1.8。此外，一般來講，震央震度愈高，極震區長短軸比

值也愈大。

(3) 中國東、西部9度（特別是10度）以上地震的震度衰減有明顯的差別，東部衰減慢，西部衰減快；尤以順構造長軸方向的衰減差別較大。這反映了中國的大地震與斷裂構造的關係密切。

在編圖中，依據中國140幅歷史地震等震線圖，採用等效面積法和直觀法確定地震影響場。

▌第二節　地震的宏觀現象和宏觀調查

伴隨著地震的發生，會出現一系列的自然現象，有宏觀的，也有微觀的。宏觀現象主要指人類可以感覺到或者觀察到的各種自然現象；微觀現象則是指在地震發生時，人類必須借助儀器才能觀測到的各種物理場的變化，主要包括：地球介質的震動、地磁場的異常、重力場的變化、地光、地電、地下水位的升降和氫氣含量的變化等等。

地震的宏觀現象可以分成兩類：一類與地震成因有直接關係，如大斷層的發生和重新活動、大塊地面的傾斜、升降及變形等，稱為原生現象；另一類則稱為次生現象，如地面的滑坡和裂隙、建築物的破壞、人和動物的反應等。

構造地震的主要原因是大斷裂的形成和重新活動，如1906年的舊金山地震就是一個突出的例子。在原生地裂縫出現的同時，還會有大量的次生裂縫生成，前者走向比較穩定，而次生裂縫通常對地面及建築物破壞作用很大。地震時大塊地面的傾斜及變形也是重要的原生地質現象，如1923年的日本關中大地震後就觀測到非常明顯的地面傾斜，1975年中國海城地震前的水位、形變測量也表明該地區大面積傾斜。

在山區，地震還會導致山崩地滑。如1933年8月25日四川迭溪大地震時，就大量出現了大塊體的崩滑現象，整個迭溪城滑入江水中。2008年的四

川汶川大地震也出現大量的滑坡，慘絕人寰的是，由於有一處山底部是密集的居民區，山體滑坡造成了一個萬人坑。

地震時地下水的變化也是非常重要的宏觀現象，因為地下水位的變化的原因極有可能是地下斷層活動的表現之一。

發生地震時，除了產生上述的地質現象外，還對建築物造成破壞，這是主要災害之一，直接威脅人類的生命和財產的安全，它們包括對房屋、水壩、橋樑等多結構物的破壞，但其破壞程度不但和地震有關，還與局部地區的地質條件、建築物的品質和類型有關係。

地震宏觀調查就是在地震現場對人所能直接感覺到的地震現象包括地震所造成的破壞和影響所進行的實地調查。如調查建築物與工程的損壞、地質構造活動、地貌地形的變化、井泉的變異、地裂、噴沙冒水、山崩和滑坡、湖潮與海嘯、人的感覺與生物的反映等均屬地震宏觀調查的範疇。根據地震宏觀調查可以確定地震震度、繪製等震線圖、確定宏觀震央位置等。對於瞭解地震的成因和各種建築物的抗震性能具有重要意義。

宏觀地震調查主要有以下內容：

(1) 強地震的調查

主要調查極震區內發震構造（seismogenic structure）的活動情況，即能夠產生一定規模地震的、具有明確幾何結構形態和物質組成的地質構造。按發震構造的運動學特徵或震源力學性質，可劃分為正斷層、逆斷層、走滑斷層和盲斷層等。還要調查地震後地下水位的變化、動物異常的情況。再者，調查房屋建築、結構物、鐵路、公路等的破壞情況，人口傷亡數位等。

最後，綜合房屋破壞、自然現象、人口傷亡等材料，按照震度表評定各地的破壞程度。在人煙稀少的不毛之地，可以根據地形變化、山崩地滑、地裂、井泉變化等地質現象來評定震度。

(2) 前兆現象的調查

應調查小地震的活動情況，井泉水位元的變化，氣候變化狀況，大小動物的異常狀況等，為未來的主震提供預報資料。

(3) 歷史地震的調查與考證

主要為震區提供歷史上地震破壞的基礎資料，為制定地區的基本震度及地震預報服務。現場調查主要瞭解歷史地震的震央及破壞情況，通過對古建築物（如廟宇、老民房及碑、塔、城、橋等）、古城牆的調查及考古推斷，得出地區歷史上受地震災害的基本情況。

(4) 宏觀地震資料的整理

首先根據資料定出震區的震度值，編繪地震等震線圖。等震線（isoseismal contour）即在同一次地震影響下房屋建築破壞程度和地面受到的影響程度相同地區周界點的連線，它是地震影響場的一種表示方式。由等震線的最內側線可定出宏觀震央位置及斷層的走向；再根據震度遞減規律用經驗公式確定宏觀震源深度，用震央震度確定規模等基本參數。宏觀震央（macroscopic epicemre）即極震區的幾何中心。

▉第三節　決定強地面振動的因素

地面運動的一般特徵可用地面運動最大加速度、地面運動的週期、強震的持續時間來衡量。

用峰值加速度作為一種衡量地震動的參量在20世紀60年代得到發展。地震波從震源向外傳播時，通常峰值加速度、速度和位移將是逐漸減小的，但人們發現不同地區之間地面震動隨距離衰減變化很大，要受地殼岩石性質的影響。

峰值加速度並不隨著距震源距離的增加而平穩地減弱，在很大程度上它要受幾種地質環境的影響：

　　第一，走滑斷層的面特別彎曲不平處，斷層將產生突然增大的高頻能量脈衝；

　　第二，不均勻的地殼岩石和山脈、溪谷等陡峭地形會使波長幾百公尺的高頻地震波，被散射或放大；

　　第三，厚的沖積土壤可能放大某些波，而削弱另一些波，這取決於土壤、岩石結構以及波的頻率。簡而言之，決定任何場點地面震動的強度的因素有3個：①震源機制；②震源與該場點之間岩石的不均勻性和結構變化；③該場點的土壤和其他地質條件。被拉伸的地質構造，如沖積盆地，對地震波有放大效應，稱盆地效應；而由於盆地為地震波提供了多條傳播路線，波可能從盆地邊緣反射，在不同的位置相互加強，這叫盆地的邊緣效應。如圖8.3所示，左邊的房子位於盆地周圍，右邊的房子位於盆地中心，如果兩座房子物理結構完全一樣，如果地震波從左邊傳來，由於盆地效應，右邊的房子會出現更加嚴重的地震災情。而當地震波從右邊傳來，由於盆地的邊緣效應，左邊的房子受災將會更加嚴重。

圖8.3　盆地效應和盆地邊緣效應示意圖

　　世界上許多地震活動區地質條件都相當複雜。例如，在加州舊金山海灣地區，沿著聖安德列斯斷層有一寬闊的破碎岩石帶，斷層的一側是花崗岩，

另一側是很厚的沉積岩序列，沉積岩中有裂縫和成層序列。這兩種截然不同的地質體並存，對1989年洛馬普瑞特地震產生的破壞形式有重大影響。

基岩上地震動幅值小、持續短、震害輕。1976年唐山地震、1996年麗江地震建在基岩上的毛主席塑像未受到破壞。雖然在穩定基岩上震動最弱，但當基岩風化、水飽和或者在陡峭斜坡位置上，滑坡是可能發生的；未固結的土壤，特別當土壤厚並且水飽和時，容易發生中等震動；淤泥和填充地則放大地震波，像震動的果凍碗一樣。

例子一　1989年美國洛馬普瑞特地震濱海區的地震災害

1989年10月17日美國洛馬普瑞特發生地震，規模為7.1，是自1906年舊金山地震後襲擊舊金山海灣地區的最大地震。地震使62人死亡，3700人受傷，12000人無家可歸。這次地震導致超過6億美元的財產損失和包括高速公路設施，舊金山海灣大橋，水、電、煤氣和通信線路等在內的生命線工程的嚴重破壞。舊金山離震央有100km，但也是破壞最嚴重的地區之一。舊金山的瀉湖沿岸的濱海區就曾經歷了高震度的震動。為了準備1912年的國際展覽會，瀉湖已被1906年地震中震毀的建築物瓦礫和海砂所填埋。多年來，這一地區成為城市中最吸引人的地方之一。然而，由於濱海區土地的組成不良，即使對普通的破壞性地震它也難以承受，因為其砂質土有液化作用。在地震晃動中，浸滿水的細顆粒土壤在數次剪應力變化的作用下變得具有液體特性。在洛馬普瑞特地震襲來時，濱海區填充地面在主震中下沉了5英寸。地面傾斜，浸滿水的砂礫地段液化；建築物與其地基分離，其中一些倒塌。震後，記錄裝置被安放在填充區及其周圍的岩石上，以便比較強餘震引起的地震動。結果表明，填充地區將地震動放大了8倍（圖8.4）。濱海區的損壞程度由於其自身的地質結構問題而增高。許多住宅樓的底層都是車庫，它們只有簡單的支柱，沒有對地震剪應力的抵抗能力。震後發現70%以上位於填充地的建築物已不適於居住。

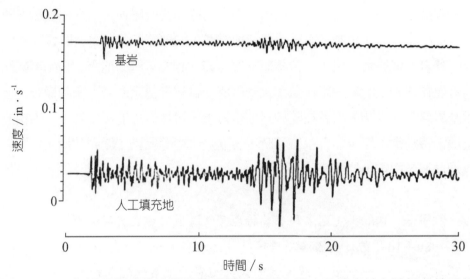

圖8.4 1989年洛馬普瑞特地震餘震期間在基岩上和人工填充地上監視台站記錄
到的兩種地震記錄圖

　　在舊金山海灣周圍其他地方的新沉積物，以及靠近震源附近的太平洋沿
岸砂質土地也有液化。表層土向下的壓力將液化砂礫沿裂隙擠壓出來，通常
形成被形象稱爲「沸沙」和「沙火山」的奇特現象。這些結果清楚地顯示了
將地質調查同土地利用計畫及建築規則相結合的重要性。液化作用的影響可
以用加密砂礫或者特殊加固建築地基的方法加以減小。有些沿海岸邊的土壤
填充地是用現代方法在工程師的指導下填埋的，它們在地震中表現得很好。
儘管有海邊泥土及其他不利地下因素存在，但是沒有關於位於這些良好填充
物之上的建築物地基受到破壞的報導。

　　洛馬普瑞特地震震害說明場地的局部條件是決定地震震度的第3個重要
因素。目前特殊研究計畫已在探求局部地質及土壤條件，諸如陡峭山脊或者
沖積盆地內厚層土壤對地震動的影響作用。沖積盆地的危險性在1985年墨西

哥城地震中尤其突出，半個墨西哥城因此而被毀滅。

例子二　1985年墨西哥地震的地震災害

1985年9月19日，墨西哥發生規模8.1地震。震央位於墨西哥太平洋海岸下面的俯衝板塊中，發生在已由地震學家們指出達十多年的一個地震空區內。這次地震嚴重毀壞了許多企業和學校的建築物。由於地震發生在當地時間早晨7點17分，當時這些建築物中人不太多，因而還算幸運。儘管如此，距震央340多公里的墨西哥城內還是有8000多人死亡，3萬多人受傷，約5萬人無家可歸。地震嚴重破壞的建築只是這座城市的一小部分。靠近震源沿海岸的損壞也很嚴重，但範圍很有限，部分是由於建築物的類型及地質因素所致。

墨西哥城和沿太平洋海岸是受這次地震影響最大的地區。地震波從海岸附近的震源穿過350km的距離到達墨西哥峽谷時，其振幅已大幅度減小。建立在堅固土壤及岩石上的建築物很少受到破壞。然而在墨西哥城中的一些地方，沖積盆地近地表的地質條件造成了十分危險的環境。在最近的地質時期，雨水攜帶著碎石、砂礫及泥土進入盆地並將它們沉積在德克斯科湖中，這個湖的水在西班牙人征服阿茲台克人後為了城市的發展而被抽乾。現代墨西哥城雖然大部分建立在德克斯科湖周圍較高地面上，但是在城市中心附近一些地方仍被很鬆軟的砂子及高水分的泥土厚沉積所覆蓋。正是在盆地的這一地帶，多數建築物在大地震中倒塌。建築物破壞十分集中，類似破壞於1957年地震中在墨西哥城也出現過。

為什麼？當震波穿過地殼岩石向墨西哥城傳播時，它們在空間上分散開來，而且其平均振幅有所衰減。那些在墨西哥城較高的地方（比如墨西哥國家大學）的堅硬地表，並且沒有造成破壞。可是在湖泊地帶，週期約2秒的（表）面波被黏土層特別地放大。

沉積盆地有其固有頻率，地震運動如果與這個頻率相同將會發生共振使

振動振幅增大。共振頻率的值取決於土壤層厚及沉積盆地的形狀和大小。這些地質結構的作用是捕獲到來的地震波並將其中一部分放大。在墨西哥城鬆軟湖泊沉積物中，強震儀測到的水準加速度峰值很大。此外，在地下震波已經傳播完畢，地面仍不斷以特定頻率持續振動。因此，到達墨西哥城的S波和表面波被伸展開，以致在散射的震波系列中含有15次以上的震動。

地震波也被某些建築物的振動特性再次放大。像盆地一樣，建築物及其他結構也有固有振動頻率，當它們的地基被這些頻率的地震波橫推時，它們將形成共振，前後擺動，就像倒掛的鐘擺。

在墨西哥地震中，震波被10～14層高的建築物所放大。在這些建築物中，共振作用導致了大移位元及結構的破壞。然而，即使在最嚴重的振動帶上，墨西哥城大多數建築物也沒受到結構上的損壞。沒有受到損壞的多是低矮建築物及摩天大樓，如37層高的拉丁美洲塔，它是20世紀50年代建築的，其巨大高度使它的固有振動週期長達3.7秒，遠大於最強的地震（表）面波週期而不會發生共振。

許多地震災害是由凹陷地區（盆地）所含的軟土及黏土層塊對震波的放大引起的。這樣的盆地多位於世界上人口稠密地區，如洛杉磯、墨西哥城、東京、上海及舊金山海灣邊緣。

▌第四節　工程地震學

減輕地震災害有兩種途徑：一種是地震預報；另一種是地震工程途徑，其是以長期預測為依據，規定新建工程的抗震設防技術措施，使所建的工程能抗禦未來發生的地震，即「小震不壞，中震可修，大震不倒」，從而極大減輕人民生命財產在地震中的損失。

工程地震學（engineering seismology）是地震學中為工程建設服務的一

個分支，主要研究強烈地震運動及其效應。早期的地震學家主要把地震當做一種自然現象來進行研究，但亦涉及強烈地震時建築物的破壞。1891年在日本發生了濃尾地震，接著，1906年在美國發生了舊金山地震，1920年在中國發生了海原地震，1923年在日本又發生了關東地震。這幾次地震造成了巨大損失和慘重傷亡，從而使地震及其防禦的研究受到了社會的高度重視。1931年日本地震學者末廣恭二赴美國講學，講題為「工程地震學」，側重強調地面運動的觀測和建築物振動性能的測量，這便是工程地震學成為學科名稱的起源。1962年原蘇聯梅德韋傑夫（C. B. Медведев）著有《工程地震學》一書，內容包括地震區劃和小區劃以及結構在地震作用下的反應。1983年日本又出版了金井清著的《工程地震學》，涉及了地震觀測、地震活動性、地面和建築物的振動、地震破壞現象、工程抗震設計準則等方面。由此可見，工程地震學的領域還沒有明確的界限，因時因人而異。

　　1956年，第一屆世界地震工程會議在美國舉行，以後，這樣的會議每4年舉行一次，確立了「地震工程學（earthquake engineering）」這門學科。它的領域愈來愈廣，概括了工程地震學的內容。現在工程地震學和地震工程學作為學科名稱並用，兩者的範圍雖有重疊，但各有側重。就現狀來看，工程地震學所研究的主題大致如下。

一、地震宏觀考察

　　這是工程地震學的基礎工作，目的在於取得強烈地震造成的實際破壞現象和震時景物等各種反應的第一手資料。這種資料既可作為研究工作的依據，又可作為研究結果的驗證。地震考察有悠久歷史，遠在地震學形成之前，便受人們重視。尤其在中國，幾千年前便有地震現象的記載，散見於史書、地方誌以及各種典籍、條文數以萬計（見中國地震歷史資料、中國著名大地震）。中國地震學者憑藉這些記載，經過整理、篩選和分析，編成了中國古代地震目錄、歷史地震震央分佈圖、中國的宏觀震度表、破壞性地震的

等震線圖等基礎資料。中國工程地震研究在很大程度上依靠了這些資料。

在地震學已經發達、地震儀器觀測已經普遍開展的今天，地震宏觀考察的意義仍然不減往昔。現在強震觀測台網已大力佈設，但覆蓋面積極爲有限，地震發生時仍不得不借助於宏觀考察來繪製等震線圖，研究震度分佈，判別發震構造。從工程角度看，地震現場是眞正的試驗台，在此臺上，各類工程結構和地形、地貌的影響都受到實際地震的考驗，使前者的抗震性能暴露無遺。所以從地震考察中獲得的經驗仍然是抗震設計的重要依據，也是科學研究的源泉。半個多世紀以來，中國發生了多次毀滅性大地震，充分揭示了地震災害的嚴重性，也爲今後抗禦地震提供了豐富的資料和經驗教訓。1920年海原地震和1927年古浪地震發生在黃土高原；1966年邢臺地震發生在華北腹地；1970年通海地震發生在橫斷山脈；1975年海城地震和1976年唐山地震發生在濱海平原。各個地震的震害都充分表現了地區特點，也暴露了當地建築的弱點。尤其是唐山地震的經驗，說明即使是現代建築物，若未經抗震設計，同樣會在大地震中毀滅；也說明對地震危險性估計不足會帶來嚴重的後果。

二、強震觀測

早期的地震觀測主要爲地震學服務，目的在於確定地震發生的時間、位置和大小以及其他震源參數，通常用靈敏度較高的儀器在遠場觀測地面的微弱震動以達其目的。服務於工程需要的強震觀測則在於取得大地震近場地面運動過程和在它作用下建築物反應過程的準確記錄。由於大地震不常發生，儀器不值得經常運轉，只宜在震時觸發記錄，所以觀測儀器比較複雜，觀測工作開展較晚。首批強震儀是1932年在美國設置的，有位移儀和加速度儀兩種（前者以後沒有發展），可以記錄地面運動的全過程。這批儀器多設置在建築物內，同時觀測地面的運動和結構的反應。設置以後，很快就取得了有用的記錄。20世紀50年代，日本跟著開展了這項工作。到現在全世界約有40

個國家設置了強震觀測台網，總共約有5000台儀器，幾乎全是加速度儀。儘管儀器有這麼多，但和世界上地震區的總面積相比，覆蓋密度還是很低的。所以積累的記錄還遠遠不足分析之用，有意義的系統性記錄屈指可數。對世界上破壞性極大的地震都沒有取得極震區的記錄。1978年在夏威夷檀香山舉行了第一次國際強震觀測台陣會議。會議討論了加密觀測台網的計畫並把研究地面運動作為首要目的；在全世界範圍選擇了28個最有希望取得記錄的地區，作為優先考慮佈設密集台陣的地區；同時提出了觀測震源機制、波傳播和局部場地影響各類台陣的設計原則。這是強震觀測走向國際合作和更有計劃地佈設台陣的新起點。

　　強震儀自20世紀30年代以來也有很大發展。最初的一類是直接光記錄式的，即將光點投射到拾振擺上的鏡片，再反射到感光膠捲或感光紙上以記錄擺的振動。這類儀器經過幾十年的不斷改進，目前已經達到公認的可靠適用程度。第二類是50年代在日本發展的機械式儀器，其特點是用寶石筆尖在臘紙上刻劃出解析度極高的記錄跡線。第三類是電流計記錄式，即由拾振器產生電信號，通過電流計的偏轉以光記錄的方式顯示，其優點是便於在近距離進行多點觀測。蘇聯最先使用，中國在60年代也生產和使用了這種儀器。第四類是類比磁帶式的，它把振動信號記錄在磁帶上，使用時經過重播和模數轉換給出資料，避免了光記錄或機械記錄所需要的複雜而又費時的數位化程式。第五類即最新、最有前途的一類，是數位磁帶記錄式的。記錄信號可以直接從磁帶通過重播以數位形式輸出，與電腦連用，而且有動態範圍較大和能夠儲存觸發前資訊等優點。但這種儀器尚在發展階段，未臻完善。在發展上述儀器的同時，也研製了若干種簡單的地震計，它不記錄地震運動的全過程，只記錄地面運動的加速度峰值或對應於一定週期和阻尼的地震反應譜值，意在降低造價、便於管理、能夠廣泛設置。但地震計的推廣並不如理想那樣快，原因是造價與加速度儀相比還不夠低，而所得信息量卻遠不及加速度儀。

　　強震記錄的積累帶來了記錄的處理和利用的問題。已經取得的強震記錄基本上都是類比式加速度記錄。首先遇到的是如何準確地進行數位化，確定記錄上的零線和通過兩次積分取得速度和位移等問題。這些問題經過了30年的不斷努力才獲得解決，其原因是來自儀器本身和記錄處理各個環節的誤差十分複雜。1969年美國加州理工學院地震工程研究室開始了一項處理強震記錄的研究，經過數年，成功地建立了一套標準程式。包括：

　　(1) 類比記錄的數位化。這是用半自動的數位化設備實現的，同時還進行跡線和時標的光滑化以及零線的初步調整。這樣處理後的記錄稱為未校正記錄。

　　(2) 記錄的校正。有兩部分：一種是對未校正記錄的高、低頻的濾波，濾掉可靠頻段以外的雜訊和資訊，以消除數位化過程中的隨機誤差；一種是對儀器動態回應失真的校正。

　　(3) 反應譜分析。包括在不同阻尼下的加速度、速度和位移反應譜。

　　(4) 傅立葉譜分析。應用了消除洩漏效應和混淆誤差的技術。資料處理的技術仍在不斷發展之中。當前的趨勢是採用全自動數位化技術。將所有強震記錄貯存於電腦中；建立資料庫，以便進行處理和提取。同時引用資訊理論的成果，在強震記錄中提取更多的資訊。

三、近場地面運動

　　地震造成的破壞主要來自地震近場的地面運動，因此地面運動特性成為工程地震學的主要研究物件之一。從理論上說，地面可以有3個座標方向的平動和繞著3個坐標軸的轉動。但目前的觀測和研究還只限於3個方向的平動（兩個水平向和垂直向）。

　　地震破壞作用應當用什麼地面運動參數來表達是首要的研究課題。由於人們長期採用宏觀震度表來衡量地震破壞作用，尋求與震度對應的單一地

面運動參數一直是研究者追求的目標。迄今研究過的參數不下十餘種，它們或者是直觀的地面運動的某種幅度，或者為標誌地面運動總體破壞力的某種數量（見地震震度）。這些參數與宏觀震度的統計關係已經在工程實踐中應用，其缺點在於單一參數與地震震度的相關性較差。地面運動是非常複雜的時間變化過程，其破壞作用涉及地震的強度、地震波頻譜構成和地震持續時間，很難用單一的物理參數來表達。儘管人們還沒有放棄這種努力，但目前的傾向是採用多種參數來表徵地震破壞力。這個問題的圓滿解決還有待於對地震作用下結構破壞機理的認識的深化，也有待於更多的大地震近場觀測記錄的積累和大比例尺模型破壞性試驗的發展。

在工程抗震設計中，通常只考慮地面運動較大水平分量的作用。很明顯，另一個水平分量和垂直向分量的作用有時也不可忽視。尤其在極震區，垂直向分量可能會大於水平分量。所以地面運動多個分量的組合作用也逐漸為研究者所注意。由於地震波的波長通常遠遠超過工程結構的尺寸，在工程結構的設計中一般不考慮地面運動的相位差。但對於某些特大尺寸的結構，例如管道、長橋、大壩等，相位差的影響不能忽略。因此關於近距離地面運動的變化及其相關性的研究也在發展之中。

近場地面運動的時間過程極不規則，通常被視為隨機過程。由於地面運動的隨機性，按照確定的地面運動過程進行工程抗震設計失去了意義。解決這個問題有兩個途徑：其一是採集在給定條件下的成組的實際地面運動記錄作為設計依據；其二是用人工合成方法擬合地面運動的統計特徵，產生一系列的隨機的地面運動過程。常見的擬合對象是給定的地震反應譜或傅立葉譜。

地面運動的衰減規律通常用統計方法建立。首先把地面運動參數寫成規模和震源距離的函數，再根據大量觀測資料導出回歸公式。隨著觀測資料不斷積累，這種經驗公式也不斷更新。經驗方法的缺點在於未能考慮震源性質、傳播途徑和場地條件等因素，以致觀測資料相對於經驗公式的離散性很

大；再則由於經驗公式的局限性，外推到近距離地面運動不夠準確。目前的趨勢是將地震學的理論研究和統計方法結合起來，建立半理論、半經驗的地面運動衰減規律，已有可喜的進展。

四、地震區域劃分和地震危險性分析

這是旨在給工程場地提供在未來一定時期內可能遭受地震襲擊的危險程度（簡稱地震危險性），以便採取適當的防禦措施。地震危險性有兩重意義：其一是指地震的震度，其二是指其發生的機率。地震危險性可以用不同的方式來表示。它可以用按危險性高低分區的地圖形式來表示，也可以用預測的地面運動參數的等值線圖來表示；可以用確定性的預測資料來表示，也可以用給定的概率下的資料來表示。由於早期的工作是以地震區劃圖的形式出現，所以地震區域劃分這個名詞沿用至今。地圖形式適用於大量的一般工程的抗震設計、抗震加固和規劃工作。對於特別重要的工程，如大型水利工程樞紐、核電站、海洋平臺，設計者往往不能滿足於區劃圖的簡單規定，而要求針對以工程場地為中心的數百公里範圍內的地震活動性和地震地質作特殊研究，進行地震危險性分析，最後給出作為設計標準的地震震度（宏觀震度或地面運動參數）。設計標準通常要求分兩級：高的一級為一定時期內工程場地可能遭受的最高地震震度，在此地震下，要求工程設計保證建築物不致倒毀和保障人身安全；低的一級為工程場地可能常遇的地震震度，在此地震下，要求工程設計保證建築物可以照常使用。

五、地震小區劃

這是相對於地震區劃而言。地震區劃是從大範圍劃分地震危險性不等的區域；地震小區劃是在局部範圍分清對抗震有利或不利的場地，著重研究場地條件對地震震度的影響。地震小區劃這個詞最初見於梅德韋傑夫的文章。他根據場地地基的軟硬，地下水位的高低、波速的快慢，將地震區劃所規定

的震度作增減的調整。場地條件對地震震度的影響是很複雜的，這是一種簡單的、純經驗的處理方法。地震小區劃的意義則為國際上所公認。當前的趨勢是從多方面來評價場地的優劣，繪製各種小區劃圖件，供抗震設計者考慮採取針對性的抗震措施和土地利用方法。

影響地震震度的場地條件固然複雜，但概括起來，主要有三個要素：

(1) 地基土質。早在1906年舊金山地震和1923年關東地震之後，人們就意識到地基土質對震害的影響。日本學者注意到剛硬地基對柔性結構有利，而軟弱地基對剛性結構有利；還認為在不同性質的地基土（包括土質和覆蓋厚度）的情況下，地面振動有不同的卓越週期，而卓越週期又可以從平時地脈動中測出。金井清並從理論上提出，卓越週期是由於地震波在地基土層的表面和基底岩層介面之間的多次反射所形成，因而與覆蓋土層的厚度有密切關係。美國自20世紀30年代以來發展了地震反應譜理論，並取得了大量的強震地面運動觀測記錄。在此基礎上研究了地面運動峰值、地震反應譜特性、地震持續時間等要素與地基土類別的關係。通常把地基土按其堅硬程度，從基岩到軟弱土層，分為3～4類，利用強震觀測記錄作統計分析。一般的結論是，基岩上的運動具有頻率較高、頻帶較窄、持續時間較短的特點；而在軟弱土上的情況則相反。大量的宏觀現象表明基岩上建築物的破壞要比一般土層上小得多。在理論工作方面，流行的方法是假定地震波以剪切波的形式從基岩豎直射入表土層，再根據波傳播理論計算地面的運動過程及其頻譜特徵。這樣土壤的分層及其剛度的變化都能得到反映。應用同樣的理論可以根據在地面上的觀測記錄反演基岩介面上的運動。目前的研究已進入到地震波入射角度的影響和表面波的影響，以及土層變化的二維和三維問題。

飽和砂土的液化是地基土質影響中的一個獨特問題。砂土的穩定是依靠砂粒間的摩擦力來維持的。在地震的持續震動之下，砂土趨向密實，迫使孔隙水壓力上升、砂粒間的壓力和摩擦力減小，進而使砂土失去抗剪能力，形成液態，失去穩定。因此液化的形成決定於地震的強度和持續時間、砂粒

的大小和密度、砂層的應力狀態和覆蓋厚度等等因素。在宏觀現象上，砂土液化表現為平地噴砂冒水，建築物沉陷、傾倒或滑移，堤岸滑坡等等。1964年美國阿拉斯加地震、1964年日本新潟地震、1975年中國海城地震和1976年中國唐山地震都有飽和砂土的液化現象。探明液化機理，尋找預測、預防措施，成為各國重視的課題。

(2) 地形。由於一般城鎮多半建設在平坦地區，地形問題不大為人重視。但中國地震區有很大部分位於崇山峻嶺，地形十分複雜，城鎮村落無法避開，地形的影響值得重視。中國的歷次大地震的經驗表明孤立的小山包或山梁頂上的震度比山下較高。反過來，低窪地的震度是否低則不甚明顯。從地震波的傳播來探討地形影響的研究已經有人進行，但作出結論為時尚早。

(3) 局部地質。最主要的是斷層影響。地面上的斷層隨處皆有，但有活動與否、深淺、大小、破碎帶寬窄、斷面傾角陡緩等的差別。地震時斷層對震度、對震害的影響如何是不清楚的。宏觀現象表明，緊靠地震斷裂兩側的震害是嚴重的，如中國1970年通海地震、1973年爐霍地震均如此。強震觀測亦表明斷裂兩側的地面震動是劇烈的，如美國派克菲爾德地震和聖費爾南多地震均如此。但在一些地震時沒有活動的斷層上就看不出有震害或震動加劇的現象。難點在於在地震發生之前，無法預測哪些斷層會在地震時活動，因而如何對有斷層通過的場地進行評價還是一個懸案。此外，地震時山崩滑坡在很大程度上決定於局部地質，如岩層的形成和風化歷史、岩質和傾角等等。這個問題在山區很重要，但研究者甚少。

目前在實踐中地震小區劃的方法大致有：①繪製詳細的地震、地質、地形等圖件作為小區劃的基礎資料；②測量地基土層的波速、地面脈動的頻譜和卓越週期等物理參數並參考土壤鑽探資料，劃分地基類別，根據地基類別，採用不同的設計反應譜；③根據地震危險性分析結果，在基岩介面上輸入相應的地震波，考慮土壤特性和局部地形的影響，計算地面運動的過程；④根據土樣試驗和現場貫入試驗，判別土壤液化、震陷等地基失效的可能

性；⑤最後以地圖形式在研究的小區域內將預測的震度、地面運動以及各種
震害的分佈狀況反映出來。

六、近場地震學

　　傳統的地震學是從地震遠場效應來研究震源情況和地球介質性質的。這
裏有兩個簡便之處：一是震源可近似地視爲點源；二是可以對震相分別進行
研究。但這樣做是以丟掉許多近場高頻資訊爲代價的。當地震學爲工程服務
的時候，這種對近場效應的忽視就不能容許了，因爲工程上所感興趣的地域
恰恰是逼近震源一二百公里的範圍之內。強震觀測工作就是針對這個範圍進
行的。由於工程上的需要和強震觀測工作的促進，在20世紀60年代關於地震
近場效應的研究日益發展，這個學科分支逐漸以「近場地震學」或「強震地
震學」見於文獻。它研究的主題是近場地面運動和震源機制的關係。根據目
前的瞭解，淺源構造地震的發生是由於地殼岩石在彈性應變積累到一定程度
時，突然破裂並由點及面以波速量級的速度擴展，導致應變陡然釋放，破裂
面兩側相對錯動，同時發射出地震波。位錯理論就是這一過程的數學模擬。
位元錯應該是空間和時間的函數（稱爲震源函數）。位元錯理論在震源模式
和近場地面運動之間建立了數學聯繫，使人們可以進一步研究兩者之間的定
量關係。位元錯模式是震源機制的運動學模式。更進一步還有動力學模式。
通常假定在破裂面上，由於黏性或脆性破裂，初始的剪應力突然下降到摩擦
力；這相當於在破裂面上施加一定的有效應力（稱爲應力降），引起破裂面
兩側相對滑動。近場地震學就是根據這兩個一般性震源模式，進行兩方面的
研究：第一，建立能夠解釋高頻地面運動觀測資料的震源模式並測定其參
數；第二，從震源機制預測近場地面運動。

　　近年來近場地震學最重要的進展之一是從觀測和理論兩方面證明了震源
破裂過程的複雜性。破裂面上應力降的分佈很不均勻，高應力降一般只發生

在面積很小的區域內，這些小區域為大面積的低應力降區域所包圍。這種複雜性是由斷層面的幾何不規則性和破裂強度或構造應力沿破裂面的非均勻分佈所造成。它引起破裂波前的變速運動，並由此發射出高頻地震波。這一認識導致一系列研究，包括：確定性的和隨機的非均勻震源模式，高、低應力降區域大小之比，近源加速度與速度的上界，高頻地面運動複雜性的解釋，以及高頻地面運動的過程和峰值的預測。

近場地面運動的另一重要特徵是它的方向性，即在斷層破裂傳播方向上地面運動顯著增強。這個輻射能量的聚焦效應發生在一個狹窄區帶內，地面運動增強程度主要取決於破裂傳播速度。沿破裂長度的平均破裂速度一般小於剪切波速，但在破裂面某些部位可能接近壓縮波速。此外，發震斷層的類型對近場地面運動也有影響。例如，逆斷層產生的加速度峰值一般大於正斷層所產生的加速度峰值。

思考題

1. 地震災害的程度和哪些因素有關？

2. 什麼是盆地效應？試分析其機理。

3. 2008年5月12日的規模8.0汶川大地震時，北大校園幾乎沒有感覺，但是北京商業區的人都跑出大樓，久久不敢回去。請析原因。

第九章

勘探地震學

　　提及勘探，大家可能會立刻想到找石油，因爲石油勘探比地震勘探更早、也更容易被人理解，而勘探地震學正是應用在石油勘探中的一項重要技術。

　　目前石油勘探主要有三大類方法，分別爲地質法，地球物理方法以及鑽探法。

　　(1) 地質法俗稱地質勘探，主要是通過觀察，研究出露在地表的地層、岩石的手段對地質資料進行分析，瞭解一個地區有無生成石油和儲存石油的條件，最後提出對該地區的含油氣量評價，也就是是否形成油氣量的可能。但是地質勘探獲取的資料來自於地表，雖然對淺層的地質情況能夠有比較詳盡的瞭解，但是對於深層的地下構造最多只能有個大概的限定。

　　(2) 地球物理方法簡稱物探，它主要利用各種物探儀器記錄到來自地下的多種資訊的手段，然後根據這些資料對地下的構造和岩性特徵做出預測。與地質法相比，物探法是一種間接探測的方法，但是它具有勘探範圍深，效率高的優勢。根據儀器記錄到的資訊不同，物探方法又可以分爲：重力勘探（利用岩石的密度差別，在地面上測量重力變化），磁性勘探（利用岩石磁性的差別，在地面上測量地磁場的變化），電法勘探（利用岩石電阻率的差別，在地面上測量電場的變化），地震勘探（利用岩石波阻抗的差別，在地面上記錄地震波場的變化）。其中地震勘探由於其精度高，解析度高，探測深度大而應用最爲廣泛。

　　(3) 鑽探法是利用物探的井位進行鑽探，直接取得地下最可靠的地質資料來確定地下的構造特點及含油的情況。和地震方法相比，它能夠直接獲得深層地下的物質情況，所以可信度更高，然而由於鑽探成本的昂貴以及覆蓋範圍限制（在工區平面只能取得一個點的資料），在實際生產中更多的是作爲輔助性的資料。

　　石油勘探是一項非常注重多學科聯合的工作，僅僅依靠其中一種方法是遠遠無法解決實際問題的。在實際工作當中，我們需要結合地質，物探和鑽

井的資料一起來預測地下的構造岩性特徵，以獲得油氣藏的位置。

最早的地震勘探嘗試可以追溯到1845年，英國地震學家馬利特利用人工激發的地震波來測量地殼中彈性波的傳播速度，這可以說是地震勘探方法的萌芽。第一次世界大戰期間德軍及其對手曾利用重炮後坐力產生的地震波來確定對方的炮位。地震方法眞正意義上的應用到石油勘探上應該以1919年德國明托普（Mintrop）獲得折射初至法專利爲標誌，它第一次將該方法使用在鹽丘的探測上面，之後不少公司通過折射的方法成功地獲得了工業流油，從此利用地震折射波勘探的方法在石油勘探領域流行起來。然而隨著時間的推移，折射波方法在地質條件複雜情況下容易導致解釋錯誤也使得折射的方法讓位于利用地震反射波方法。到了20世紀40年代，哈瑞（Harry）提出的共深度點記錄反射波思想在如今的野外勘探中已經普及，並且記錄的道數由最早的6道資料變成如今上千上萬道資料，最初的二維勘探也已經廣泛使用三維地震勘探技術。相對於陸上勘探，海上勘探在20世紀50年代發展起來，通過一系列技術的進步，尤其近年來海底電纜的應用也給海上勘探帶來了非常好的機遇。

事實證明，近些年人們通過地震勘探的手段已經取得了很大的成功：中國自大慶油田開發以來，95%的新油田都是由地震勘探提供構造的。世界上墨西哥灣油田、中東油田、黑海油田和北海油田也同樣如此。此外，地震勘探在尋找地下煤礦、水資源、地熱以及工程勘探和地殼測深中也存在著重要作用，總之它應用很廣，地質構造、開發採油都離不開地震勘探。

儘管地震勘探技術在這些年有了很大的進展，然而在實際生產過程中依然可分爲以下三個環節：

(1) 野外採集階段：是在地質工作和其他物探工作初步確定的有含油氣希望的地區，佈置測線，人工激發地震波，並用野外地震儀把地震波傳播的情況記錄下來，進行野外工作的組織形式是地震隊。這一階段的成果是得到一盤記錄了地面振動情況的磁帶（野外原始資料）。

(2) 室內資料處理階段：根據地震波的傳播理論，利用數位電子電腦對野外獲得的原始資料進行各種去粗取精，去僞存眞的加工處理工作，以及計算地震波在地層內傳播的速度。這一階段得出的成果是地震剖面。

(3) 地震資料的解釋階段：運用地震波傳播的理論和石油地質學的原理，綜合地質、鑽井及其他物探資料，對地震剖面進行深入分析研究，對反射層相當於什麼地質特徵做出正確判斷，做出起伏形狀的圖件——構造圖，最後查出有油氣潛力的構造。

本章主要基於反射地震勘探的原理，分地震勘探的三個環節對這部分內容做一個簡要的介紹。

■第一節　勘探地震學基礎

幾何地震學是勘探地震學的理論基礎，它主要研究的是地震波場傳播時間和空間之間的關係，即地震學中經常提到的時距關係。通常在二維情況下我們用時距曲線來描述地震波的時距關係，在三維情況下時距曲線則變成一個時距曲面。幾何地震學的研究意義在於，尋求地震波的時距規律，並利用這種規律來推斷地下構造情況。此外根據研究物件的不同，勘探地震學可以分爲反射波地震勘探和折射波地震勘探，本節將分別對兩種方法進行簡要介紹。同時在介紹這方面內容時候，我們會引進一些地震勘探中常用到的術語，比如炮檢距，正常時差，傾角時差，疊加速度，均方根速度，等等。

一、反射波的時距關係

利用反射波勘探是地震勘探中最常用也是最重要的方法，它的基本原理是利用我們記錄到反射波的時距關係來推斷地下的構造情況。反射波產生的基本條件是地下存在波阻抗（用密度和速度的乘積表示）介面，同時不同的地下構造也會產生不同的時距關係。我們首先來看一下最簡單的地質構造模

型反射波的時距關係。

1. 水平雙層介質的時距關係

假設地下的構造情況如圖9.1所示：兩層介質的速度分別為v1和v2，層1的厚度為h，可以看到地震波由震源S激發以一定角度入射，經過反射點C後被接收器（也稱檢波器）R接收到，這記為地震波的一次反射。同理從震源S處激發的地震波也可以其他角度入射再反射後被地面的接收器所接收。這種震源激發，檢波器記錄的過程便是野外地震勘探的資料獲取過程，在這一過程中我們可以記錄到炸點和檢波器的距離（地震勘探中稱之為炸檢距，又稱偏移距），以及在接收點R記錄到的地震波隨時間的振動情況。

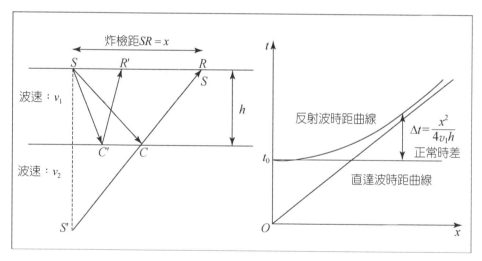

圖9.1 水平層反射曲線時距關係圖

之後我們根據入射角等於反射角這一規律，可以很容易計算出地震波從S點出發反射到達地面觀測點R的時間：

$$t = \frac{SC + CR}{v_1} = \frac{S'R}{v_1} = \frac{1}{v_1}\sqrt{4h^2 + x^2} \tag{9.1}$$

或者，我們對公式（9.1）兩邊平方，得到時間t和炸檢距x之間的關係，即我們要求的時距關係：

$$t^2 - \frac{x^2}{v_1^2} = \frac{4h^2}{v_1^2} \tag{9.2}$$

可以看到，這是一個雙曲線的運算式，正如圖9.1所示，隨著偏移距x的增加，反射波的傳播時間t也會增加。此外在實際的資料獲取過程中，檢波器R記錄到的地震波不僅有反射波，它還記錄了直達波，它的傳播路徑爲SR，傳播時間爲$t = \frac{x}{v_1}$。通過圖9.1可以看出，直達波的傳播時間總是要小於反射波的傳播時間，並且，隨著偏移距的增加，到時差也越來越小，在圖9.1中，直達波表現爲反射波曲線的一條漸近線。

在考察完雙層介質一次反射波的時距曲線之後，我們回到公式（9.2），如果將t^2作爲縱軸，x^2作爲橫軸的話，這兩個引數在坐標軸上表現爲一條直線，其中直線的斜率爲$\frac{1}{v_1^2}$，截距項爲$\frac{4h^2}{v_1^2}$。因此我們很容易根據野外勘探獲得t^2和x^2的資料，擬合出一條直線，求取速度以及地層厚度的資訊。這便是以前地震勘探中常用的「T^2-X^2」法。

2. 正常時差（normal moveout）

我們依然從雙層模型的時距曲線出發，根據公式（9.1），在$2h > x$的時候，我們通過泰勒展開可以將其簡化爲

$$t = \frac{2h}{v_1}\sqrt{1 + \left(\frac{x}{2h}\right)^2} = t_0\left[1 + \frac{1}{2}\left(\frac{x}{v_1 t_0}\right)^2 - \frac{1}{8}\left(\frac{x}{v_1 t_0}\right)^4 + \cdots\right]$$

$$\approx t_0\left[1 + \frac{1}{2}\left(\frac{x}{v_1 t_0}\right)^2\right] \tag{9.3}$$

其中，$t_0 = \dfrac{2h}{v_1}$，而 $\dfrac{t_0}{2}\left(\dfrac{x}{v_1 t_0}\right)^2 = \dfrac{x^2}{4v_1 h}$ 這一項我們稱爲正常時差，如圖9.1所示。

地震波的正常時差是地震勘探中的一個重要概念，它代表相對于同一水準地層，一次反射波因偏移距而產生的那部分時差效應。在對野外採集的資料進行處理的時候，我們一般要消除正常時差，並且將這一過程稱爲動校正（NMO），之後才能進行疊加和偏移等一系列處理流程。對於正常時差去除的意義，我們可以理解爲它消除了資料獲取過程中偏移距帶來的那部分影響，即動校正後資料可以看成是經反射點垂直反射後接收的，它可以更直觀地體現出地下的構造情況。之後在地震資料處理中提到的疊加剖面正是通過各道資料經過動校正之後，根據同中心點（簡單地認爲是反射點）的資料進行疊加，形成一個剖面，也稱共中心點疊加剖面。

3. 水準多層介質一次反射波的時距關係

以上的結論都是基於地下結構爲一個平行的雙層模型的假設，但是在實際的情況下，我們研究的物件通常是速度在空間變化比較複雜的情況。然而在實際處理過程中，爲了簡化處理過程，我們通常可以假設地層中速度的橫向變化比較緩慢，主要考慮速度縱向變化產生的影響。因此，我們有必要研究速度縱向變化的地層產生反射波的時距關係。

處理速度在垂向變化最爲簡單的方法是等效速度法。這種方法將一個垂向速度變化的情況簡化成一個常速度模型，速度值可以採用平均速度來實現。更常用的方法是假設一個速度分層模型，即採用一系列速度不同的層狀介質代替實際的速度變化，其中每一層內的速度值是不變的，如圖9.2所示。

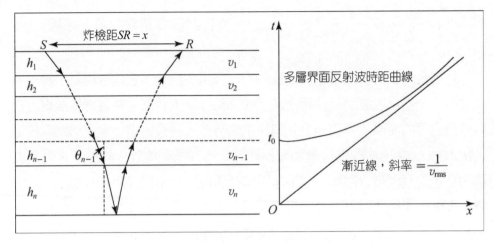

圖9.2　多層水平模型的時距關係

　　同理，根據前面的分析，通過震源S激發，經第n層介面反射波到達檢波器R所經歷的時間爲地震波通過各層的時間和：

$$t = \sum_{i=1}^{n} \frac{2l_i}{v_i} = \sum_{i=1}^{n} \frac{2h_i}{v_i \cos\theta_i} \tag{9.4}$$

其中，l_i表示地震波在第i個地層當中傳播的距離，v_i表示第i個地層的速度，h_i表示第i個地層的厚度，θ_i表示在第i個地層當中地震波的入射角。

　　根據斯涅爾定律，我們知道：

$$\frac{\sin\theta_1}{v_1} = \frac{\sin\theta_2}{v_2} = \cdots = \frac{\sin\theta_i}{v_i} = p \tag{9.5}$$

其中，p代表地震波的射線參數。將公式（9.5）代入（9.4）中消除θ_i得到

$$t = \sum_{i=1}^{n} \frac{2h_i}{v_i \sqrt{1 - (pv_i)^2}} \tag{9.6}$$

將公式（9.6）進行泰勒展開，可以得到：

$$t = 2 \sum_{i=1}^{n} t_i \left(1 + \frac{1}{2} (pv_i)^2 + \frac{1}{2} \cdot \frac{3}{4} (pv_i)^4 + \cdots \right) \tag{9.7}$$

其中，$t_i = \dfrac{h_i}{v_i}$，表示波垂直入射時的單程旅行時間。

而偏移距 $x = SR$ 也可以寫成含 p 的形式：

$$x = \sum_{i=1}^{n} x_i = 2 \sum_{i=1}^{n} h_i \tan\theta_i = 2 \sum_{i=1}^{n} \frac{ph_i v_i}{\sqrt{1 - (pv_i)^2}} \tag{9.8}$$

同樣，經過泰勒展開，去除根號項得到

$$x = 2 \sum_{i=1}^{n} ph_i v_i \left(1 + \frac{1}{2} (pv_i)^2 + \frac{1}{2} \cdot \frac{3}{4} (pv_i)^4 + \cdots \right) \tag{9.9}$$

根據公式（9.7）和公式（9.9），去除 p 我們可以得到水平多層介質的時距關係：

$$t^2 = t_0^2 + \frac{x^2}{v_{\text{rms}}^2} \tag{9.10}$$

其中，t_0 表示零偏移距下地震波的雙層旅行時，v_{rms} 在勘探地震學中稱爲均方根速度，它的定義如下：

$$v_{\text{rms}} = \sqrt{\frac{\sum\limits_{i=1}^{n} t_i v_i^2}{\sum\limits_{i=1}^{n} t_i}} \tag{9.11}$$

其中，t_i 表示波在第 i 層介質中的傳播時間，在統計學中符合均方根的定義，

因此也稱之爲地震波的均方根速度。

均方根速度在勘探地震學當中是一個比較重要的概念，它的引入可以將一個較爲複雜的多層水平速度模型等效成一個速度大小爲均方根速度的單層模型，從而大大簡化問題。可以認爲對於每一個地層，都可以通過公式（9.11）計算出該層的均方根速度，但是注意在勘探地震學當中均方根速度是一個時間的函數，即每個t_i對應著一個均方根速度值。此外我們也必須注意到利用均方根速度的適用範圍：偏移距越大，用均方根速度等效單層模型的結果誤差也會越來越大。

經過前面的分析，我們看到，給定一個層速度模型就可以計算出該模型的均方根速度。但是反過來，如果已知均方根速度，同樣可以計算出層速度模型。這便是勘探地震學當中有名的Dix公式：

$$v_i^2 = \frac{t_i v_{\mathrm{rms},i}^2 - t_{i-1} v_{\mathrm{rms},i-1}^2}{t_i - t_{i-1}}$$

（9.12）

其中，$v_{\mathrm{rms},i}$表示第i層對應的均方根速度，t_i表示地震波經第i層垂直反射的旅行時。這個公式的意義在於我們可以根據均方根速度求取層速度，因爲對於一個未知的研究區域進行地震勘探，我們的目的就是要根據記錄的地震波來反推地下的速度結構，即層速度模型。但是我們可以對地震資料進行處理，通過速度分析求出均方根速度（實際上爲疊加速度，可以簡單地看成是均方根速度），然後再根據Dix公式求出研究區域的速度結構。這種求法精度比較低，但是可以看出實施起來非常簡單，對於一個完全位置的勘探地區，該方法能夠有效地提供地下的大致的速度情況。

4. 傾斜地層的時距關係

之前我們考慮的都是水平的地層對時距關係的影響，但是當我們的研究對象是一個傾斜的地層的時候，情況又會有所變化。

如圖9.3所示，考慮一個單層模型，假設地層的傾角爲 ξ，地震波經過震源S激發後經反射點C反射後被地表檢波器R接收。根據三角形法則，地震波的旅行時間滿足以下方程：

$$v^2 t^2 = S'R^2 = x^2 + 4h^2 + 4hx \sin \xi \qquad (9.13)$$

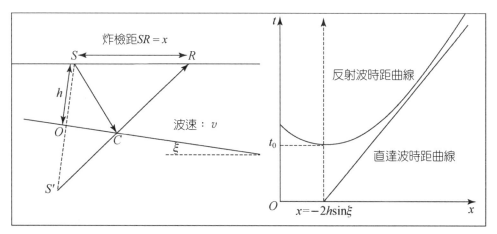

圖9.3　傾斜地層的時距關係

其中，x表示偏移距，h表示震源點S到傾斜地層上的垂直投影點O的距離，S'爲S點關於地層的對稱點。我們注意到，式中的h值已經不再是水平地層情況下的厚度。

對公式（9.13）進行適當變換，得到

$$\frac{v^2 t^2}{(2h\cos\xi)^2} - \frac{(x + 2h\sin\xi)^2}{(2h\cos\xi)^2} = 1 \qquad (9.14)$$

可以看出，即使在地層傾斜的情況下，地震波的時距曲線仍然是一個雙曲線的形態，與水平地層不同的是，傾斜地層下的雙曲線是關於$x = -2h\sin\xi$對稱

的，如圖9.3所示。

同樣，我們根據時距關係公式（9.13）再進行泰勒展開得到

$$t = \frac{2h}{v}\sqrt{\left(1 + \frac{x^2 + 4hx\sin\xi}{4h^2}\right)} \approx t_0\left(1 + \frac{x^2 + 4hx\sin\xi}{8h^2}\right)$$
$$= t_0 + \frac{x^2}{4vh} + \frac{x\sin\xi}{v} \qquad\qquad (9.15)$$

將公式（9.15）和平層模型下的公式（9.3）對比，可以發現上式的第二項正好對應著正常時差，而與傾角ξ有關的第三項，則是勘探地震學當中另一個重要的概念：傾角時差。很明顯，在常規處理當中，只有先將正常時差消除之後才能進一步消除傾角時差。而消除正常時差的方法非常簡單，只需記錄偏移距爲$\pm x$的資料，然後相減就可以消除正常時差的影響，而兩者之差正好是傾角時差的那一部分。

　　早期的地震資料處理都是基於地層爲水平的假設，因此地震處理員往往將動校之後的資料進行疊加作爲最終成果給地震解釋人員進行分析。然而由於地層傾斜的影響，得到的剖面跟實際的地下構造情況相差較大，從而也給地震解釋工作帶來了很大的困難和誤差。隨著地震勘探技術的發展，以及勘探區域的複雜化，傾角時差的影響被人們所重視。如今，傾角時差校正已經放在正規的資料處理流程裏面（我們稱之爲偏移技術），並且隨著電腦性能的提高已經從疊後偏移技術發展到疊前偏移技術的階段。這些技術的發展大大提高了地震剖面的可信度，也爲解釋人員的工作提供了方便。

二、折射波的時距關係

　　地震勘探的主流還是通過反射波求取地下構造資訊，但是對於一些淺層的構造，也有通過折射波資料進行分析，它主要是透過研究入射波以臨界角投射到地下折射介面產生首波的時距關係，這裏僅簡要介紹一下。

如圖9.4所示，當地震波從震源S激發，以臨界入射角θ_c入射到地層介面上C_1點後，地震波會在地層介面上以v_2的速度傳播一段距離再從C_2點反射，被檢波器R接收。其中，臨界角θ_c滿足：

$$\sin\theta_c = \frac{v_1}{v_2} \tag{9.16}$$

很明顯，首波產生的條件是 $v_2 > v_1$。

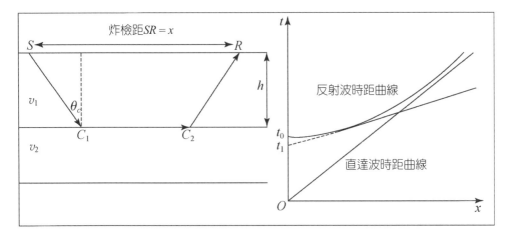

圖9.4 水平地層直達波的時距曲線

接下來計算地震波在地下介質中傳播的時間：

$$
\begin{aligned}
t &= \frac{SC_1}{v_1} + \frac{C_1C_2}{v_2} + \frac{C_2R}{v_1} = \frac{2h}{v_1\cos\theta_c} + \frac{C_1C_2}{v_2} \\
&= \frac{2h}{v_1\cos\theta_c} + \frac{x - 2h\tan\theta_c}{v_2} = \frac{x}{v_2} + t_1
\end{aligned} \tag{9.17}
$$

其中$t_1 = \dfrac{2h\cos\theta_c}{v_1}$。它的時距曲線如圖9.4所示，成一條直線，其中斜率等於

$\dfrac{1}{v_2}$，截距項等於 $\dfrac{2h\cos\theta_c}{v_1}$。類似地，我們可以透過野外地震資料記錄擬合出一條直線，求出直線的斜率即可求出v_2，通過求取截距項再求出v_1，截距項中的θc可以透過公式（9.16）進行替換消除。

同理，我們可以求出多層模型折射波的時距關係，如公式9.18所示，這裏略去推導過程。

$$t = \frac{x}{v_m} + 2\sum_{k=0}^{m-1}\frac{h_k\cos\theta_{km}}{v_k} \tag{9.18}$$

其中，v_m表示第m層的波速，v_k表示第k層的波速，h_k表示第k層的厚度，θ_{km}表示地震波入射到第$k+1$層的入射角。

對於地層為傾斜情況下，我們也可以通過上述分析方法求取其時距曲線，具體內容我們這裏省略，感興趣的讀者可以查閱勘探地震學方面的資料。

三、地震速度

地震速度在勘探地震學當中是非常重要的參數。由於我們野外進行地震勘探記錄到的是地震波的一個時間序列，而我們的目的是求取地下深度構造情況，因此速度就成為了時間和深度發生聯繫的橋樑，正如我們之前研究反射波和折射波的時距關係當中，都少不了速度這個因素。一般來說，影響速度的參數有很多，比如岩性（彈性參數），密度、壓力、溫度以及孔隙度的變化都會造成速度的變化。同理根據這些關係我們也可以通過速度來反推岩性、壓力等參量的變化。例如在油氣開發階段，可以通過地震速度來預測地下的孔隙壓力的變化，避免超高壓力對鑽探設備以及人員帶來不安全因素，在地震解釋當中我們還可以利用縱波和橫波的速度比值推斷地下的岩性情況。在勘探地震學當中會涉及不同速度的概念，如之前提到的層速度，均方

根速度等，下面我們將簡要介紹一下這些速度概念以及測定速度的方法。

1. 地震速度的概念

本節主要介紹層速度，平均速度，均方根速度以及疊加速度等概念。

(1) 層速度（interval velocity）是地震波穿過某一均勻層的速度，是地震速度中最基本的概念，在上面提到的地質模型中的速度都屬於層速度。

(2) 平均速度（average velocity）的定義為對於一組水準層狀介質中，地震波垂直穿越各層厚度之和與總的傳播時間的比值。注意這裏平均速度對應的是垂直入射的情況，用公式表示為

$$\bar{v} = \frac{\sum v_i t_i}{\sum_i t_i} \tag{9.19}$$

(3) 均方根速度（root-mean square velocity）的概念在水準多層模型中已經提到過，它的引入主要是基於時距公式，將多層模型等效成一個速度為均方根速度的單層速度模型，從而把問題簡化。它主要應用在地震資料處理的疊加和時間偏移階段，其具體定義如公式9.20。同時通過Dix公式（參見公式9.12），我們可以通過均方根速度求取層速度，這在地震勘探中非常有意義的。

$$v_{\mathrm{rms}} = \sqrt{\frac{\sum_{i=1}^{n} t_i v_i^2}{\sum_{i=1}^{n} t_i}} \tag{9.20}$$

(4) 疊加速度（stacking velocity）是地震資料處理中速度分析階段所產生的，它的提出類似於均方根速度，將複雜的地下速度模型等效成一個單層的速度模型，並且在疊加和偏移階段會使用。疊加速度的求取，主要是透過遍歷的思想將拾取的疊加速度擬合出來的時距雙曲線和實際時距曲線進行匹

配，匹配程度最高的被認爲是對應的疊加速度，這部分內容將在第三節中詳細介紹。疊加速度是時間的函數，它與均方根速度的區別在於，均方根速度是基於水準地層的，而疊加速度還考慮到了傾角的影響。

2. 速度的測量

這裏主要介紹層速度的測量，目前地震勘探中常見的主要有地震測井，聲波測井和VSP等方法。

(1) 地震測井法（well shooting）

地震測井主要是利用鑽井求取地震波在地層中的平均速度，其基本原理爲在地面上放置震源，之後用放置在井中的檢波器記錄地震波的到達時間，如圖9.5所示，檢波器由電纜相連在鑽井中可自由移動。地震波從S處激發，到達檢波器的記錄的時間爲t，傳播距離爲SR，那麼時距關係爲

$$t = \frac{SR}{v} = \frac{\sqrt{x^2 + d^2}}{v} \qquad (9.21)$$

此時求出的速度是沿著傳播路徑的平均速度，但是當我們不考慮速度橫向變化的時候，公式（9.21）求出的速度即爲我們要求的垂向平均速度。

在求取了垂向平均速度之後，我們還可以通過以下公式求取出層速度：

$$v_i = \frac{d_{i+1} - d_i}{t_{i+1} - t_i} \qquad (9.22)$$

其中，v_i表示第i層的層速度，d_i表示第i層的深度，t_i表示檢波器在第i層的接收到地震波的到達時間。

(2) 聲波測井方法（sonic logging）

聲波測井主要是利用聲波在鑽井中傳播的時間來求取地震速度，由於聲波測井儀發射的聲波頻率一般都大於音頻，又稱超聲波測井。

聲波測井的原理如圖9.6所示，將一個震源發射器和兩個接收器放置於同一個單元上面（該單元貼著井壁），地震波從震源R處激發，然後通過檢波器R_1和R_2記錄到的時間差進行速度的測量。R_1和R_2之間的距離固定，一般為61cm（2ft），因此，只需用測定的時間差去除這段距離就可以測出速度。有時候為了達到消除檢波器和震源帶來的誤差，會採用兩個震源和四個檢波器進行測量，然後再取平均值。值得一提的是，通過同樣的原理，在實際生產中不僅僅會記錄下聲波的時差，同時還會利用測井記錄密度、伽馬射線、電阻率等等一系列參數，這種方法統稱為地球物理測井法，是油氣勘探解釋中非常重要的工具，也是應用地球物理學當中另一門分支。

(3) VSP方法

VSP（vertical seismic profiling）技術是從地震測井技術發展起來，用於測量速度的原理和地震測井一樣，都是通過地表震源激發，井中檢波器接收的方法記錄時間求取速度。然而速度測量只是VSP技術的一項應用，和地震測井的區別在於，VSP不僅僅記錄地震波的到時，它還記錄地震波的振幅，頻率相位等資訊，相對於常規的反射地震勘探技術而言是一種比較新的勘探技術。VSP資料一般要優於反射資料，因為它的傳播距離短，相應的衰減小，從而精度也優於反射地震。但是由於VSP資料的獲取的成本要遠大於常規的反射地震，此外檢波器的佈置受限於鑽井的位置，這些都限制了VSP的應用範圍。

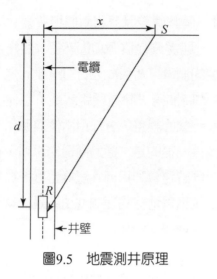

圖9.5　地震測井原理　　　　圖9.6　聲波測井原理

▊第二節　地震資料的野外採集

在引言中已經提到，進行地震勘探的第一步即是地震採集工作。獲取高品質的地震資料是野外地震勘探成功的基礎，為此我們也非常有必要瞭解一下地震資料採集這方面的知識。在實際生產過程中，每個石油公司是有專門的部門去負責資料獲取這一部分，國內稱之為地震隊。而國外的一些公司甚至專門做地震採集方面的工作，然後透過銷售資料作為營利的手段。

一般來說，一個地震隊主要由測量員，放線班，爆炸工，司鑽員等幾個小組組成。其中測量員主要測量出勘探區塊的具體位置，包括每個炸點和檢波器的絕對座標（根據大地座標測定），目的是為了以後定井位準備。測量的結果非常重要，如果因為測量資料問題導致井位元定錯將會造成重大的經濟損失。放線班的職能是根據設定好的觀測系統，擺放檢波器的位置，連通好電纜，此外每放完一炮，還得移動檢波器的位置，工作量非常大，有時候

人手不夠可能還會聘請當地的居民幫忙。爆炸工主要負責的是震源的定位和激發，他們經常和司鑽組一起合作，因爲震源激發時爲了使得更多的能量穿透到地下，震源會放置在井下。

在檢波器獲取地震到時資料之後，需要以一定的格式數位化儲存，我們稱之爲SEGY格式，它是由國際地球物理學家協會（SEG）提出的一個標準。資料以二進位形式儲存，分卷頭、道頭和走時資料三個部分。卷頭記錄了整個勘探區域的基本情況；道頭記錄的是每放一炮資料記錄的情況，包括震源、檢波器的位置、資料記錄的採樣時間和採樣個數，等等；最後是各道資料部分。這裏引入了地震道和採樣的概念，我們將一個檢波器記錄的資料成爲一個地震道。同時由於一個地震道記錄的是一個離散的時間序列，因爲檢波器一般是隔一個時間記錄一個資料，比如說我們4ms記錄一次資料，那麼這4ms被稱爲採樣率；一共記錄的時間爲4s，那麼相當於記錄了1000次數據，這1000次就表示採樣點數。

在介紹地震採集的基本情況之後，下面再詳析介紹一下觀測系統，震源和檢波器相關的內容。

一、觀測系統

觀測系統（geometry）主要是指採集當中震源和檢波器位置的相對關係，它是地震資料採集中最核心的部分，因爲不同的觀測系統採集的資料處理之後的效果變化很大，這一點在地質情況複雜的勘探區域尤其明顯，因此在採集之前很重要的一項工作就是根據當地的地質情況去設計觀測系統。

我們可以認爲，地震波從震源激發經地下反射再被檢波器接收這一過程就記錄了一次地下反射點的資訊。因此，爲了獲取更豐富全面的地下資訊，我們一般需要多個震源和檢波器接收。圖9.7顯示的是目前二維勘探應用比較普遍的觀測系統，如雙邊接收（split-dip），單邊接收（single side），T形排列等。需要指出的是考慮到儀器的安全和記錄資料的信噪比等因素，震源

與之最近的接收器之間應該保持一段距離，這段距離在勘探地震學當中成爲最小偏移距（炸檢距），對應著離震源最遠的檢波器的距離被稱爲最大偏移距，而相鄰兩個檢波器之間的距離（一般爲25m或者50m）稱爲道間距，類似地震源之間的距離我們把它稱爲炸檢距，這些都是觀測系統設計的時候需要考慮到的因素。此外，在設計觀測系統的時候另一個重要的概念是覆蓋次數，如圖9.7所示，對於水準地層地下反射點C，地震波從震源S_1激發爲檢波器R_1接收，這個過程我們認爲反射點C經過了一次覆蓋，如果我們放完一炮時候再接著放炮$S_2 \sim S_6$，對應檢波器$R_2 \sim R_6$接收，可以發現這些過程都是在C點進行了反射，或者說這6個檢波器記錄的資料都是反映了C點的資訊，那麼我們說在C點的覆蓋次數是6次，而這些檢波器記錄到的資料我們稱爲共反射點道集，然而考慮到地下地層一般爲傾斜的情況，我們更多的時候將這些道集稱爲共中心點（CMP）或者共深度點道集（CDP）。從以上可以看出，爲了在探集的時候達到覆蓋次數最高，要求炮間距和道間距儘量維持一個常量，儘管在野外受自然條件的約束無法完全規則排列儀器。

對這些道集資料再進一步分析，我們發現這些CDP道集資料的差別在於偏移距的不同，例如R_1接收到的資料偏移距爲S_1R_1，是道集資料中最大的，而R_6接收到的資料偏移距是S_6R_6，是道集資料中最小的。爲了將這些道集資料利用起來，我們對其作一個動校正（NMO），理論上就得到了一個零偏移距的資料，即勘探地震學中的自激自收資料。我們將這些動校之後的資料加起來再求平均，就能夠有效地消除隨機噪音而提高資料品質，這一過程則稱爲疊加。當然，如果地層是傾斜的話，我們做完疊加之後還得進行傾角校正，而這一部分也屬於偏移階段。

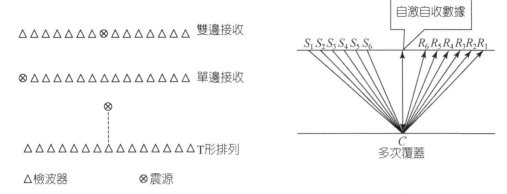

△△△△△△△⊗△△△△△△　雙邊接收

⊗△△△△△△△△△△△△　單邊接收

△△△△△△△△△△△△△△T形排列

△檢波器　　　　　⊗震源

圖9.7　觀測系統和覆蓋次數

二、震源

　　根據陸上和海上的勘探特點，震源的激發也有所不同，這裏分別作簡要介紹。

　　陸上勘探的震源又可分爲炸藥震源和非炸藥震源。其中炸藥震源一直以來爲進行勘探的主要手段，其突出特點是具有很強的能量，從而能夠使得來自深層的反射信號能夠被地面上檢波器所接收，同時其強破壞力也會對自然環境造成很大影響。

　　關於震源的擺放位置主要是考慮讓更多的有效能量向下傳播，因爲震源在能量釋放的時候會有相當部分以其他形式轉化，比如對周圍岩石的破裂，或是被周圍鬆散地層所吸收以及轉換成能量很強的（表）面波。因此一般來說炸藥震源需要鑽炸井，降低（表）面波的強度，而鑽井區域會選擇潮濕的岩層，如黏土等地方可以防止大量的能量釋放在破壞岩性上面。對於炸井的深度，又要考慮潛水面的深度，因爲潛水面是一個強的反射面，如果震源過淺，也會浪費很多能量在潛水面的反射上面，所以一般炸井的鑽深在潛水面以下幾公尺範圍內。

　　非爆炸震源目前主要應用的是可控震源，由震源車激發如圖9.8所示，其基本原理是基於液壓驅動的一個震動器。可控震源的優點在於它激發的能量較小，因而減少對周圍環境造成的破壞，此外它不會破壞岩石，能夠讓更多的能量傳播到深層介質，並且可控震源可以調節震源的頻率來滿足不同的勘探要求。然而因為需要用到重量非常沉的震源車，因此對於一些路況不好的區塊，可控震源不方便使用。

圖9.8　2008年在羅馬舉行EAGE大會上展出的震源車

　　在海上進行地震勘探，考慮到生態環境的保護，現在已經普遍使用非爆炸震源，比較常見的有空氣槍震源和蒸汽槍震源。其中空氣槍震源的激發原理主要是將空氣壓縮至一定壓力再進行釋放形成振動。蒸汽槍震源利用高溫蒸汽造成地震振動，其優點是不會產生氣泡，採集資料的信噪比比較好。同時應該注意海上勘探激發的地震波都是縱波（聲波），這與陸上震源的激發不同。

三、檢波器

　　檢波器（geophone或是hydrophone）主要用來接收地震波的資料，早期陸上勘探都是利用一個移動的紙進行記錄，之後已經完全為數位化的儀器取代了，並且為了減少檢波器帶來的誤差，野外勘探已經普遍採用檢波器組合技術進行高品質資料的獲取。

　　根據勘探環境的不同，檢波器也分為陸上和海上兩類。陸上的檢波器主要是基於電磁感應的原理，利用電感線圈將地表的振動速度轉換成感應電壓輸出，同時考慮到地下深層反射資訊能量微弱，一般檢波器會透過放大器將信號進行放大記錄。除此之外，檢波器還會進行自動濾波，將超高頻和低頻的無效資訊直接過濾掉，一般保留5～200Hz的資訊，這也稱為檢波器的頻帶範圍。由於野外採集的時候一般是多道採集，例如一炮480道接收，那麼用於接收這些資料的檢波器還必需注意參數設置的一致性，包括頻帶的選擇和放大器的設置。在檢波器的放置方面注意要和地層耦合緊密，儘量保證儀器記錄到的是真實的地下資訊，減少噪音。

　　海上勘探的檢波器也稱為水聽器。和陸上勘探不同，水聽器記錄的是聲波的壓力。海上水聽器的擺放位置和陸上的也不同，水聽器一般都是裝在拖纜上面，拖纜拖在地震船尾，距水面的深度10～20m。一般在資料獲取的時候地震船拖著一排水聽器朝著一個方向航行，然後進行震源的激發和地震波的接收，如圖9.9所示。

圖9.9　海上地震船

■第三節　地震資料的資料處理

　　本節主要介紹反射地震資料的處理內容。在野外採集結束之後，要做的工作便是對地震資料進行處理，其目的是將野外採集到的單炸資料進行去噪再轉換成一個能夠反映地下構造資訊的疊加剖面資料以及偏移剖面（時間域）。在得到這些資料後，地震解釋人員會對其進行解釋，然後繪製出地下的構造情況（深度域），並標定出油氣以及鑽井的位置。因此資料處理的結果品質直接影響到之後的地震解釋階段，有的時候解釋人員認爲地震資料存在問題或者不能夠用於解釋，處理人員甚至還必需重新處理一遍。

　　地震資料處理技術的發展是隨著20世紀50年代以來資訊理論在地震勘探領域的引入而走向一個新的時代，之後幾十年來的發展都很大程度上建立在信號處理技術的進步，然而一些基本的思想在資料處理當中是一直不變的，本節主要就資料處理的基本思想做一個簡要介紹。

　　地震資料處理的整個流程可以分爲以下幾個階段：野外資料的編輯、噪音的消除、速度分析以及疊加偏移，我們按照該流程進行相關方面內容的介紹。

一、野外地震資料的編輯

1. 觀測系統的載入

　　地震資料處理的第一步是將野外資料轉換成標準的資料體，方便後續的處理。在地震資料採集一節中我們已經介紹，地震資料的標準格式是美國勘探地球物理學家協會提出的SEGY格式，其中除了檢波器接收到的地震走時資料之外還包括觀測系統的資訊。而野外採集的時候這兩部分資訊是分開儲存的，因此資料處理前必需將野外觀測系統資訊以道頭和卷頭的形式載入到地震到時資料中，這一過程被稱爲觀測系統的載入。

2. 壞道和初至的剔除

在載入觀測系統之後，必須對每道資料進行檢驗並剔除壞道。壞道一般具有異常高振幅或者與臨近地震道資料有明顯差異等特徵，壞道的產生可能是由於檢波器放置不好或者是電極接反導致，對於這種情況我們直接剔除不用，即對這些資料充零代替，然後通過插值的方法進行恢復。除去壞道之外，反射法勘探的直達波（初至）對於處理來說也是無效的資訊，我們一般也會剔除。

3. 增益的恢復

在檢波器進行地震資料記錄的時候，考慮到深層反射波信號能量的微弱需要透過放大器對信號進行放大，然而這樣做的結果會改變地震振幅的資訊，對後續利用振幅資訊處理會產生很大影響，所以有必要對地震資料進行反增益恢復到其振幅的真實水準。

4. 靜校正

大家可以注意到，之前介紹的幾何地震學是建立在炸點和檢波器處於一個水準的地表上面的，在這個假設下我們接受到的反射波的時距曲線是一個雙曲線的形狀，之後可以對其進行動校正再疊加處理。然而野外勘探情況受地質情況影響，炸點和檢波器的位置不可能置於同一高度，這一情況在中國西部勘探面臨複雜山區地質情況尤其嚴重。如此一來，檢波器接收到的地震資料不可能是一個雙曲線的形態，動校正之後疊加也就不可能反映出地下的構造資訊。為了解決這個問題，在地震資料處理當中我們需要引入一個基準面，假設炸點和檢波器的位置都處於該基準面上，就滿足了我們之前水平地表的假設。當然從實際儀器的位置到基準面之間會產生一個時間差，這個時間差需要對每道資料進行校正，這個校正量就被稱為靜校正。靜校正直接影響資料疊加的效果，是資料處理中非常重要的部分，也是目前中國西部勘探的一大難題。

　　靜校正又可以細分爲兩部分：第一部分稱爲野外靜校正，主要是考慮到炸點和檢波器地表高程的不一致帶來的問題，這一部分可以透過野外實測的資料解決；第二部分稱爲剩餘靜校正，代表的是由於技術上或者是人爲原因導致在高程靜校正之後剩餘的校正量，這一部分只能通過地震記錄提取，是處理上的難點。如圖9.10所示，它顯示了野外靜校正的一個過程，它的假設前提是低速帶的速度v_0遠遠小於基岩速度v_1，地震波在低速帶內的傳播方向是垂直的，與各層反射波入射到低速帶的方向無關，因此在同一地震道中記錄到的所有採樣點的靜校正值都是相同的。可以發現圖中炸點和檢波器在透過野外靜校正之後已經在一條水平的基準面上了，如S'和R'的位置。

　　剩餘靜校正部分比較複雜，其原理略去不講，有興趣的讀者可以查閱勘探地震學相關方面的資料。

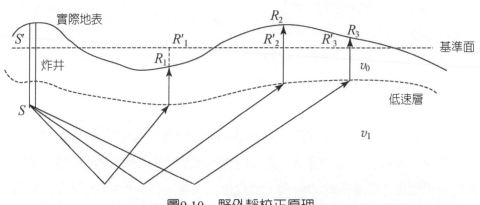

圖9.10　野外靜校正原理

二、去噪處理

　　在傳統的反射地震勘探中，一次反射縱波對我們而言是有效波，但是檢波器接收到的信號當中不僅僅有反射波的成分，還有直達波、能量巨大的

（表）面波、多次波以及繞射波等等，這些波都被當做噪音處理，需要去除。去噪的基本思想就是透過比較有效信號和噪音之間的差別消除噪音以提高信噪比。有些噪音和有效信號差別比較大，例如直達波在到時上要先於有效信號，可以直接人工判斷然後切除；其他噪音並不容易直接切除，但是可以透過一些數學的變化處理再切除，比如（表）面波成分在頻率上一般低於有效信號，可以透過傅立葉變換從時間域轉換到頻率域進行濾波處理，而多次波可以透過與一次反射波的相關關係進行處理。在此基礎上，近些年地球物理學界發展了多種去噪的方法，比如F-K濾波方法、聚束濾波法、拉冬變換方法等，都已經涉及相當專業的內容，這裏也不再詳細介紹。

相對於濾波方法去噪，還有一種反濾波的方法，目的在於提高地震資料的解析度。反濾波的基本原理是將地震信號看成是震源子波經過大地濾波之後得到的，可以寫成如公式（9.22）所示：

$$data\ (t) = wavelet\ (t) * a(t) \qquad\qquad (9.22)$$

其中，$data\ (t)$表示野外實際記錄到的地震資料，$wavelet\ (t)$表示震源的資訊，$a\ (t)$代表著大地濾波器的資訊（即波阻抗資訊），其中符號「*」是數學中的一個褶積符號。這個公式說明只要已知震源子波函數以及大地波阻抗資訊，我們就可以類比出地震記錄，這個過程稱為合成地震記錄的過程。同樣，已知地震記錄和子波函數，我們就可以求出大地波阻抗資訊，這個過程在勘探地震學上稱為反濾波，也稱反褶積。反褶積的關鍵因素在於地震子波的求取，這在地震勘探中也是一項技術上的難點。

三、速度分析

在前面靜校正和去噪工作完成之後，我們需要利用地層下的速度來實現動校正並進行疊加，而其中最為關鍵的問題在於如何獲取動校所需的速度，

也就是之前提到的疊加速度。速度分析這一階段可謂是整個地震資料處理當中最爲關鍵的部分，資料處理員往往要在這個階段花上數周的時間才能確定好動校疊加所需的速度。讀者可能注意到，我們在第一節　介紹地震速度的時候已經提到過地震速度的測量，主要通過地震測井或者是聲波測井的方法。無疑這些方法能夠提供我們很精確的地下速度資訊，問題在於考慮到成本問題，石油公司不可能隨隨便便打上一口耗資上千萬的鑽井，並且每一口井測得的資料也僅僅是反映了該井點的速度資訊，而我們在處理階段希望獲得的是整個測線下的地震速度資訊，因此我們通過井資料得到的速度資訊在資料處理階段是遠遠不夠用的，這些資料的應用更多地放在地震解釋的過程當中。

在地震資料處理當中，疊加速度的獲取主要還是透過求取速度譜來進行拾取，其基本思想是先將野外採集到的資料根據道頭資訊抽取爲共中心點道集，然後透過拾取一系列不同的速度進行動校正，理論上速度正確的話校正後的時距曲線爲一條水平直線。而速度譜的獲得是透過不同的速度動校之後，將各道資料進行疊加，再取其能量。很自然，如果速度正確，動校後各道的資料相似程度很高，疊加之後的能量也最強，反之能量最弱。將不同的速度值和對應的能量繪製在一張圖中，就得到了速度譜。我們根據速度譜中能量的分佈來拾取疊加速度，如圖9.11所示。

從以上過程看出，速度分析之前必需把單炸資料轉換成共中心點道集，然後對每個實驗速度進行動校再疊加。在實際的地震資料處理當中，受地震資料噪音的影響，我們得到的速度譜可能很難看到有集中的能量團可以拾取，並且在速度拾取之後需要比較疊加剖面結果進行判斷。如果疊加剖面的效果比較差，就說明速度拾取的不正確，需要重新拾取，一直到疊加剖面的結果令人滿意爲止，因此在速度分析階段處理人員來回處理幾十遍都是很正常的，有些時候甚至得回到去噪和靜校正階段進行重新處理，以使得提取出的速度更準確。

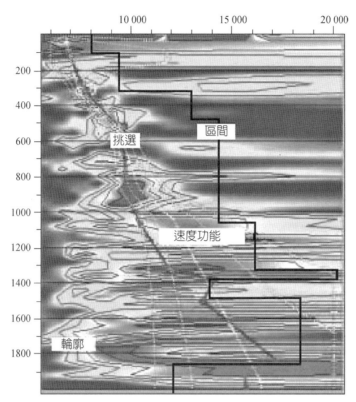

圖9.11　速度分析中的速度譜

四、疊加和偏移

　　這一部分內容在之前幾何地震學引入動校正和靜校正概念的時候已經提到過，在這裏再稍微補充一下。

　　疊加最後得到的實際上就是一個自激自收的剖面，即零偏移距剖面。它的目的是透過多道資料求平均的思想來消除部分噪音，增強資料的信噪比。因此疊加之前必需做好靜校正和動校正。靜校正的目的是消除野外採集儀器不同高程的影響，將它們的位置投影到一個水準的基準面上，以滿足反射波的時距曲線是雙曲線的假設。而動校正的目的是在於消除偏移距的影響，使

得所有資料都變成一個自激自收的資料。疊加處理的方法也很多，常規的疊加是將經過校正後的共中心點數據進行一個算術平均，例如對於一個覆蓋次數為50的中心點，它對應著有50道的資料記錄，將這些資料靜校和動校之後相加再除以50，就得到該反射點對應的疊加資料。多個中心點的疊加資料累加起來就形成了一個疊加剖面，如圖9.12所示。此外還有利用加權平均的方法進行疊加處理，其基本思想是對於信噪比比較高的資料，我們可以賦予比較高的權值，而低信噪比的資料其權值可以相應減少，透過這樣處理使得疊加的資料更加可靠，當然這樣做的前提是必需能夠判斷資料的品質。

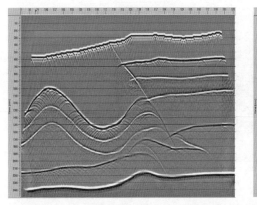 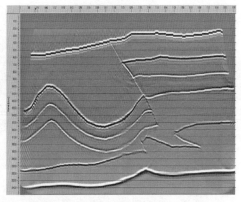

圖9.12　左圖為合成的一個疊加剖面，右圖為疊後時間偏移處理的剖面
（可以看出偏移處理之後剖面在繞射波和一些層位的變化）

偏移是資料處理當中的最後一步，其目的在於使得繞射波歸位，以及地層傾角的校正，如圖9.12所示。偏移又可分為時間偏移和深度偏移。時間偏移主要是利用疊加速度對時間剖面進行偏移歸位，得到的剖面仍然是以時間為變數的。而深度偏移必需利用層速度將時間剖面轉換到深度域，理論上是得到實際的地質模型，可以直接用於地質解釋。目前工業界常規的偏移處理主要用在時間偏移上面，深度偏移需要提供精度很高的層速度，通過疊加速

度轉換的層速度精度還不足以用於深度偏移。

　　時間偏移又可分為疊後偏移和疊前偏移，其原理都是一致的，可以簡單認為它做了一個地層的傾角校正。所謂的疊後時間偏移就是對疊加後的資料進行傾角校正，使得反射同相軸歸位清楚，繞射收斂。而疊前時間偏移是在疊加之前對每個地震道資料進行傾角校正，然後再進行疊加。從以上也可以看出，疊前偏移需要處理的資料量非常龐大，消耗的時間也比疊後偏移要多得多，因此一般處理起來需要用到平行計算的技術，通常得到的剖面結果也要優於疊後偏移資料。

　　總的來說，地震資料的處理基本上遵循以上流程，目前地震資料處理部分已經完全實現了數位化，市面上也有不少專門做資料處理的軟體來幫助處理人員進行工作，比如斯倫貝謝（Schlumberger）公司出品的Omega系統，LandMark公司研發的ProMax處理系統，以及Cgg-Veritas公司研發的Geocluster系統等。儘管這些軟體的開發為地震資料處理員提供了很大的方便，然而實際問題的複雜性仍然離不開人為介入的因素。此外地震資料處理不僅僅是一些數學技術上的表現，它的背後具有深層的地質意義，因此高品質的資料處理需要以地質方面的知識作為指導。

▊第四節　地震資料的解釋

　　地震解釋是整個勘探地震學的最後一步，它的目的在於將時間域的地震剖面轉換到深度域的地質剖面，並標定出油氣藏的位置，以及鑽井的位置。更確切地說它是一個根據野外測得的資料反演地下資訊的一個過程，由於基於實際地質情況的複雜性，地震解釋是一個多解問題，即我們無法保證解釋出來的成果一定是正確的，在如今實際生產中解釋正確率能夠達到30%已經算是相當不錯的水準了。因此，為了最大程度地獲得正確的解釋成果，在解

釋當中除去手頭的地震資料之外，我們應該盡可能地獲取其他有用的資料，包括前人已經做出的成果、鑽井的資料、重力資料、地磁資料，它們可以提供地震資料無法顯示的資訊，此外還有十分重要的地質資料，例如該地區的地質沉積史，它在宏觀上給我們提供解釋的嚮導。所以說，地震資料的解釋是一個多學科的融合，要成為一名優秀的地震解釋人員，除具扎實的地球物理基礎之外，還需要有過硬的地質方面的知識。

由於地震解釋涉及的學科比較多，已經大大超出地震學方面的範疇，因此本節僅僅簡單介紹一些基本的概念。

地震解釋按其發展階段可以分為構造解釋階段和岩性解釋階段。構造解釋主要是透過地震資料的分析，將整個地下構造情況表示出來，最終成果是提供出地質構造圖，然後根據構造圖鑽井採油。因為在早期的地震勘探階段，大部分油氣藏屬於構造性油氣藏，比較典型的比如背斜構造，鹽丘模型構造以及斷層構造，等等。構造解釋主要利用的是地震資料的運動學特徵（反射波的走時）進行分析。

一、構造解釋

地震構造解釋不像資料處理，有一個比較明確的流程，但是總體上可以分為幾大步驟。

1. 地震剖面的分析解釋

即根據地震反射同相軸在剖面上的特徵解釋出構造情況，這是建立在多地震波場傳播的深刻理解基礎之上。地震同相軸的定義為，在地震剖面上出現的是一條連續的，具有較強振幅的，相似的曲線，它反映的是地下同一組岩性特徵。例如對於水平地層介面，反射波的同相軸成一條雙曲線。而對於凹陷的構造，它的反射同相軸特徵成一個蝴蝶結的幾何形態；中斷點和尖滅點上，出現的一般是具有強繞射特徵的同相軸，如圖9.13所示；至於在背斜

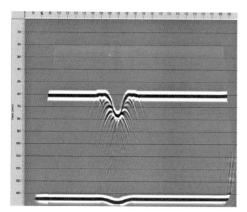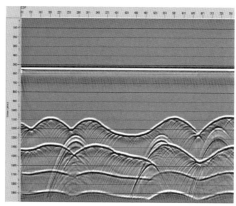

圖9.13　不同地質特徵對應的同相軸特點

左圖對應蝴蝶結狀幾何特徵，右圖對應強繞射特徵

介面通常表現出發散的形態等等。地震解釋人員主要根據這些反射同相軸的形態特徵結合其他非地震資料進行解釋。

2. 構造圖的繪製

　　由於我們最終的目的是要瞭解地下整片區域的構造情況，單單從一條測線上解釋出來的剖面只是地下區域的一個切片。因此將多條測線的資料解釋完成之後才能夠繪製出地下完整的構造資訊。構造圖是根據地震資料給出的等值線圖，此外它還包含豐富的構造資訊，使用不同的符號去代表不同的構造情況，它又可以分為等時間構造圖和等深度構造圖。因為地震資料給出的是時間域的資訊，因此等時構造圖很好繪製，只需要取地震剖面上的同一個時刻值就可以完成，它可以大概反映出地下的構造情況，然而與真實的情況總是有偏移。等深構造圖是建立在時深轉換之後的基礎之上，反映的也是真實的地下資訊，它可以在等時構造圖的基礎上做空間校正獲得。在構造圖完成之後，鑽井隊就可以依據構造圖進行鑽井，進行取岩心、測井等資料。

3. 連井解釋

在完成鑽井之後，我們可以得到許多井資料資料，這些資料因為是直接從地下獲取的，從而具有很高的可靠性度。在獲取這些資料之後，我們就可以從鑽探井位出發，反過來控制我們地震剖面的解釋，使得地震解釋的可信度更高。因此地震解釋也是一個不斷重複迭代的過程。

二、岩性解釋

隨著勘探難度的增加，比較容易發現的構造油氣田的發現已經變得越來越少，取而代之的是相對隱蔽的岩性油氣藏。所謂岩性油氣藏就是由儲集岩體縱橫向變化形成的油氣圈閉，比較常見的如生物礁體油氣藏，火山岩油氣藏和碎屑岩油氣藏。相比而言，構造性油氣藏只需要解釋出地下的構造形態就可以，而岩性油氣藏的解釋除了構造形態之外還必需獲得岩性，儲層厚度，孔隙度等地質特徵，從而對解釋人員提出了更大的挑戰。

地震資料岩性解釋過程同時需要利用大量的地質資料和鑽井的資料，同時對地震資料的要求也越來越高，它不僅需要利用到地震資料的運動學特徵（速度和到時），而且還必需使用到其動力學特徵（地震波的頻率，振幅，相位等特徵）。基於這一特點，近些年來在地震學的基礎上又發展了許多新的技術來滿足地震岩性解釋的需要，以下做簡單介紹。

1. AVO技術

AVO（amplitude versus offset），指的是研究振幅隨偏移距的變化，主要利用到地震波的振幅資訊，它是如今地震學中檢測油氣的重要技術，並廣泛應用生產當中。這種方法的基本思想就是透過分析振幅隨著偏移距的變化規律進行對岩性的判斷。因為正常的岩層介面，隨著偏移距的增加，傳播距離也在增加，根據地震波幾何擴散的規律對應的振幅應該會減小。但是振幅的大小對應著岩層的反射係數，反射係數對應著上下岩層的波阻抗差異，而

波阻抗差異又和岩性有關。因此如果振幅隨著偏移距的變化規律產生突變則可以考慮是岩性的變化導致的，如圖9.14所示。

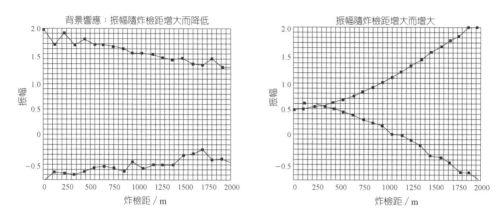

圖9.14　左圖是正常的振幅回應，右圖反映了岩性的變化

　　和傳統的疊後資料處理對比，AVO技術很好的利用了原始地震資料中的豐富資訊，避免了疊後處理導致的資訊丟失問題。然而AVO的技術也是建立在高品質的地震資料基礎上。

2. 時頻分析技術

　　相對於AVO技術，地震時頻分析技術利用的是地震波頻率的特徵。其分析的基本原理是基於岩層的岩性參數會對地震波產生選頻作用，比如介質當中的孔隙流體的存在可能會導致地震頻率的降低。時頻分析正是透過這些變化的規律來指示岩性的變化。

　　時頻分析技術是建立在數位信號論的基礎之上，可以透過數學中的傅立葉變換技術將時間域的地震波資料轉換到頻率域，然後觀察每個時間對應著的頻率的強度。

3. 多波多分量技術

　　傳統的反射地震勘探主要是利用縱波資料進行分析，這在構造解釋方面

已經可以達到生產的需求，但是在岩性解釋方面，我們就有必要利用更多的地震波資料，比如橫波和轉換波，儘管這些在常規處理的時候都是作為噪音需要去除的。

利用多波處理最大的好處在於，它包含著比傳播縱波更多的資訊。實際生產中主要利用縱波和橫波的速度比（簡稱縱橫波速比），這一比值對岩性具有很強的指示作用。例如葉岩具有很高的縱橫波速比，而作為儲層的砂岩縱橫波速比往往比較低。此外橫波資料對於液體非常敏感，根據這一特性可以將橫波資料作為孔隙度的指標，等等。

多波多分量技術是最近發展起來的新技術，它對地震野外採集也有特殊的要求。

4. 正演技術和反演技術

地震正演技術的作用不僅在地震解釋當中，它在整個地震勘探的流程中都充當著非常重要的角色。在野外採集階段，地震學家需要利用地震正演技術來指導觀測系統的設置；在資料處理階段，處理研究員需要利用正演技術來試驗處理方法的有效性；在地震解釋階段，解釋員需要利用正演技術來檢驗解釋成果的可靠性。

地震正演的基本思想是給定一個地質模型，以及觀測系統的設置，透過數學或者實驗的方法模擬出野外採集的結果。正演類比根據實現方式分為數值類比技術和物理類比技術。數值模擬是基於計算數學的基礎，對地震波的控制方程（波動方程）進行計算。這一領域如今也正在快速發展階段，主要的問題是演算法的效率以及處理野外起伏地表的問題。物理類比是基於實驗類比思想，把實際的地質模型按一定比例縮小到實驗室裏面，然後在模擬放炮接收。物理類比需要花費很大時間在模型的製作上面，同時也很難保證製作的模型參數和設計的一致，這都是物理類比的問題所在，然而相對於數學模擬結果更接近於實際。

正演技術是通過已知地下屬性參數如速度，密度等求取地震資料，而反演則是透過已知的地震資料反推地下的屬性參數，這一過程也稱為地震屬性反演。地震屬性反演也可分為疊後反演和疊前反演。所謂疊後反演是在疊加剖面的基礎之上求取地層的波阻抗資訊；疊前反演需要利用到原始的地震記錄，建立在AVO分析的基礎之上，反演出阻抗資訊，速度資訊，以及密度資訊，再利用這些反演出的資訊進行岩性的預測。

總的來說，地震資料解釋技術這些年來還處於發展階段，尤其是透過地震資料對岩性的預測，甚至直接利用地震找出油氣位置等手段需要不斷地透過實踐結果來驗證。

▓第五節　勘探地震學小結

勘探地震學是天然地震的產物，是從天然地震學發展而來，但是與天然地震學相比又有許多的不同，它具體表現在以下幾個方面：

(1) 研究的物件不同。勘探地震學主要利用激發人工地震的方法來勘探地下油氣藏的位置。但是受震源能量以及鑽探技術所限，一般地震勘探的研究區塊限制在幾公里到十公里的深度範圍內，例如目前世界上鑽井最深的記錄為20世紀70年代的原蘇聯人所創造，他們在現今俄羅斯莫曼斯克州得柯拉半島上完成了深達12km的超深井。而天然地震學主要依據天然地震得到的資料，這種具有超強破壞力的能量足以滲透到地球表面之下幾百公里乃至上千公里的深度並為地震儀所接收捕捉到，因此天然地震的方法主要用於地球內部構造的研究。

(2) 地震採集的方式不同。勘探地震學中所採用的震源為人工震源，能量相對於天然地震要小得多，但是震源的能量，頻率，位置都可以改變。此外，接收器相對於震源的距離也相對天然地震要小得多，位置也可以移動，

並且利用檢波器組合來接收信號增強信噪比。天然地震相對的接收方式比較固定，通常是在某些地點固定好台站，長時間進行記錄。勘探地震的採集需要根據當地的地質特徵進行精心設計，以獲取品質最好的地震資料。而天然地震因爲無法預知震源發生的時間和位置，因此在採集的設計而言相對簡單。

(3) 地震採集的儀器也有所差別。勘探地震學當中由於研究的物件尺度相對比較小，特別是有些油藏構造的厚度在幾十公尺甚至幾公尺的量級，因此需要接收頻率較高的地震資料來滿足地震解析度的要求。通常地震接收器（也稱檢波器）接收的頻帶在幾個Hz到幾十個Hz之間。而天然地震研究的物件尺度比較大，有效頻帶在幾個Hz之下，因此在儀器靈敏度設計上面考慮不同。此外，天然地震接收的資料主要是三分量的資料，它需要利用P波，S波以及轉換波資料進行處理。而相比之下勘探地震當中主要還是單分量資料進行處理，因爲目前常規處理還是基於P波反射時間來判斷地下構造情況，然而爲了得到更精確的結果，勘探地震也逐漸採用多分量採集和處理的思路。

透過對比可以看出，由於研究對象和應用領域的不同，勘探地震學在採集和處理的時候會投入更多的精力以獲取更準確的地下資訊。然而天然地震學和勘探地震學又是同源的，許多方法都是基於相同的原理，而隨之發展起來的技術也已經融合到兩者之間，我們經常可以看到天然地震研究人員和生產油田相互合作，共同發展的局面。

總之，地震勘探是地震專業或地球物理專業最重要的專業課，同時隨著油氣資源的減少，地震勘探也越來越被地質學者重視，所以也是地質學生的必修課，現在愈來愈需要既懂地質又懂物探的綜合性專業人才。

思考題

1. 物探方法有幾種？它們各有什麼優缺點？

2. 什麼是靜校正？

3. 下圖所示的是一個折射介面，折射介面的傾角爲不是很大的θ，介面上、下介質的地震波速度分別爲v_1和v_2，並且$v_2 > v_1$。震源在O點。震源點O到介面的垂直距離爲h，接收器位於地表，請寫出折射波（即首波）在上傾方向的走時方程，並畫出它的走時曲線。注意：取O點爲座標原點，震央距$X > 0$，即上傾方向。

   如果計算下傾方向，結果如何？

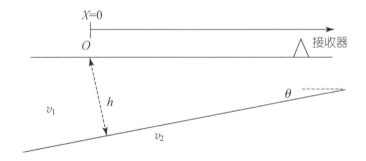

第十章

海嘯

2004年12月26日清晨，當大多數國家仍沉浸於耶誕節的歡樂氣氛中時，印尼蘇門答臘島西北部的亞齊省西南外海160km處突然發生了規模9.0的特大地震。這次地震引發的巨大海嘯，波及東南亞和南亞的印尼、印度、泰國、斯里蘭卡、馬來西亞、緬甸、馬爾代夫等近十個國家，甚至遠在5000km外的非洲東岸也遭到了海嘯的侵襲，造成極其嚴重的災害，罹難人數近30萬，數百萬人無家可歸，是有史以來死亡人數最多，損失最慘重的海嘯災難。這一刻「海嘯」在人們心中成爲了死亡的代名詞。那麼，究竟什麼是海嘯？它是如何形成的？爲什麼會具有這麼大的破壞力？我們如何減輕海嘯災害？中國的海嘯災害問題有多嚴重？這些問題都將是本章重點討論的內容。

■第一節　海嘯的形成

海嘯，英文詞爲「tsunami」，源自日語「津波」，意爲港邊的波浪，這也顯示出日本是一個海嘯災害比較嚴重的國家。海嘯通常由海底地震引起，少量由海底或海岸山崩或滑坡引發，由海底火山噴發引發的機率較低。當海嘯波進入近岸淺水區時，由於深度變淺，波速變小，波高突然增大，這種波浪運動所捲起的海濤，波高可達數十公尺，形成巨大的水牆，侵入沿海陸地，造成危害。

一、海嘯的產生機制

海嘯通常由海底地震引起。地震發生時斷層兩側的板塊如果產生垂直方向的相對位移，則覆蓋的海水也會隨之產生垂直方向上的相對位移，這樣海水原本的平衡狀態就會被破壞，抬升板塊上方的海水會變高，勢能增加，然後向勢能比較低的下沉板塊方向流動。也就是說，海底地震會使震央附近的海水突然獲得大量勢能，在引力的作用下，這個勢能會很快的轉化爲動能，使海水具有很高的速度，形成巨浪向四周擴散，從而引發海嘯（圖10.1）。

圖10.1　2011年3月11日日本仙台大地震引發海嘯

　　根據震源的深度，可以將地震分為淺源地震（震源深度小於60km），中源地震（震源深度在60～300km之間）和深源地震（震源深度大於300km）。其中最可能引發海嘯的是海底淺源地震。當震源較深時，斷層破裂面不易延伸到海底地表，只局限在海底地表以下，則海底地表在垂直方向上不會發生位移，海水在垂直方向上也不會產生位移，這樣在地震波的傳播過程當中，海水只是充當傳播介質的角色，地震波到達之後，海水雖暫態獲得動能，但同時也在瞬間將此動能傳播出去，快速恢復平靜。地震產生的能量就這樣由海水傳入海底而消散。同樣的，斷層破裂面在陸上的地震，除非破裂面延伸到海底地表，否則同理，也不可能引發海嘯（圖10.2）。

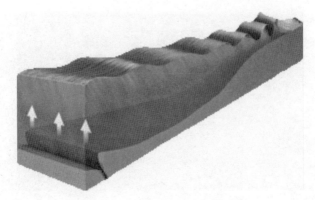

圖10.2　海嘯的產生示意圖

　　根據地震斷層的運動方式可將其分爲正斷層、逆衝斷層和走滑斷層。三種運動方式中，逆衝斷層在垂直方向上運動最大，正斷層其次，走滑斷層幾乎沒有垂直運動。相對的，其引發海嘯的能力也是越來越低，對於走滑斷層地震來說，斷層沒有傾斜滑移，海底板塊只會發生水準位移，作爲流體，海水雖然會隨之發生水平位移，但位移量遠小於海底板塊的位移量，海水原本的平衡狀態被打破的很有限，而且這種破壞僅限於水平方向，海水不會增加勢能。因此即使發生海嘯，規模也不大。綜上所述，可見最可能引發海嘯的是斷層破裂面在海底地表的逆衝斷層地震。

　　下面的這組照片是由在2004年印度洋海嘯中遇難的一對加拿大夫婦拍攝，顯示了當時海嘯在泰國拉克山海灘的整個形成過程（圖10.3）。

(a)海水發生回退

(b)遠處形成白色海浪

(c)海浪越來越大

(d)海浪向海灘移動

(e)海浪沖向海灘

(f)第一波巨浪襲擊整個海灘

圖10.3　海嘯形成過程

二、海嘯的產生條件

　　雖然斷層破裂面在海底地表的逆衝斷層和正斷層地震會引發災難性的海嘯。但事實上，海嘯並不像地震那樣發生的非常頻繁，這就說明，並不是所有的斷層破裂面在海底地表的逆衝斷層和正斷層地震都會引發災難性的海嘯，其中還需要具備一些條件。

　　以2004年印度洋海嘯為例，印尼蘇門答臘島近海是印度-澳洲板塊和歐亞板塊碰撞的地方，在5000km長的弧形地帶，兩大板塊發生碰撞，平均每年縮短5～6cm。地震時，長期積累的彈性能量瞬間釋放出來，幾千公里長、幾百公里寬、幾公里深的海水瞬間被抬高數公尺，然後以波動的方式向外傳播，這就是印度洋海嘯產生的過程。從這個過程可以看出，要想產生海嘯，需要具備三個條件：地震要發生在深海區，地震規模要大和具備開闊並逐漸變淺的海岸條件。

　　地震要發生在深海區：道理顯而易見，地震釋放的能量要想轉變為巨大水體的波動能量並具有很強的破壞力，地震必須要發生在深海，只有這樣海底上方才會有足夠的水體，發生在淺海地區的地震是產生不了海嘯的。

　　地震規模要大：浪高是海嘯最重要的特徵，海岸上觀測到的海嘯浪高的以2為底數的對數就是海嘯的等級。通常用海嘯的等級來表示海嘯的規模。

　　海嘯等級m和地震規模M之間有一個統計關係：

$$m = 2.61M - 18.44. \tag{10.1}$$

從這個式子可以看出$M < 6.5$的地震幾乎不會引起明顯的海嘯。也就是說，小地震引發的海嘯不會造成災害，只有規模6.5以上的海底地震才有可能引發災害性的海嘯。正因為如此，太平洋海嘯預警中心發佈海嘯警報的必要條件是：海底地震的震源深度小於60km，同時地震的規模需要大於規模7.8。

可見，地震規模要大是引發災害性海嘯必不可少的一個條件。

表10.1　海嘯的等級

級數	海嘯的最大波高 / m	受害程度
-1	0.5	通常不會造成災害
0	1	可造成小災害
1	2	可損害海岸處的房屋及船舶
2	4～6	損害若干內陸地區，可危及人身安全
3	10～20	可使沿岸400km以上的區域受到顯著損害
4	30	可使沿岸500km以上的區域受到顯著損害

　　開闊並逐漸變淺的海岸條件：在深海，海嘯的波長很長，速度快。而當海嘯傳播到近岸淺水水域時，波長會變短，速度減慢。海嘯波在大洋中傳播時，波高不到1m，不會造成災害，但當其進入淺海後，因海水深度急劇變淺，接近海岸的海水波速減慢，後面的海水會高速向前湧過來，結果急劇抬高波高，高度可達10多公尺至幾十公尺，形成含有大量能量的「水牆」。從這個過程可以看出，海嘯要在近海海岸帶造成災害，該海岸必須開闊，具備逐漸變淺的條件。

■第二節　海嘯的特點

　　海嘯同風產生的浪或潮是有很大差異的。微風吹過海洋，泛起相對波長較短的波浪。相應產生的水流僅限於淺層水體。即使是颱風，它雖然能夠在遼闊的海洋捲起高度達30m以上的海浪，但卻不能撼動深處的水。海嘯則是從深海海底到海面的整個水體的波動，包含驚人的能量。為了更好的瞭解海

嘯，先來瞭解一下海水的波動。

一、海水的波動

　　水體表面的振盪和起伏叫做波浪，而在海洋中產生的波浪就叫做海浪。海浪就是海水質點在它的平衡位置附近產生一種週期性的震動運動和能量的傳播。開闊大洋中的波浪是由水質點的振動形成，當波浪經過時，水質點便畫出一個圓圈；在波峰上，每個質點都稍稍向前移動，然後返回波谷中差不多它們原來的位置，也就是說當海浪不斷地向前傳播時，海水中的質點只是上下震動，並沒有跟著向前傳播，除非是風等外力作用下使其發生漂移。

　　多數海水中的波都是表面波（聲波除外），其特性導致海水中質點的運動在海面處最大，隨著深度的增加，質點運動越來越小，直至完全不動。海面上波濤洶湧，海底卻平靜如昔的現象也充分印證了這一點。其中質點運動隨深度的衰減程度，在很大程度上取決於波長，一般來說，存在下面這個關係：

$$A(h) = A_0 \mathrm{e}^{-\frac{h}{\lambda}}, \qquad\qquad (10.2)$$

式中，$A(h)$是深度h處質點運動的振幅，A_0是海面處質點運動的振幅，λ是海水表面處質點運動的波長。從這個式子可以看出，海水中的質點運動隨深度的是按指數關係衰減，衰減非常快。同時還可以看出，對於小波長（例如幾公尺）的海水運動，其質點運動基本局限在海面附近，深處的海水幾乎沒有運動；而對於大波長（例如幾公里或幾十公里）的海水運動，海面以下很大範圍內的水體幾乎發生了整體性的運動。由此可見，海面上波浪涉及海水質點的範圍，完全取決於海浪的波長。在確定海水運動時，波長是一個非常重要的參數。

　　不僅如此，在確定波傳播的特性方面，波長也是一個重要的參數，其中淺水波就是根據波長來定義的。用h代表海水的深度，λ代表波長，則λ ≫ H的這種具有非常長的波長的重力波就叫做淺水波。由於淺水波具有很大的波長，這也就決定了淺水波具有不同於其他波的特性。首先，通常波的傳播都包含多種頻率的波的振動。不同頻率的波傳播速度不同，會產生頻散現象，因此，傳播過程中波的形狀會不斷的改變。但是，淺水波不會發生頻散現象，所有頻率的波都會以相同的速度傳播，故淺水波傳播時，形狀不會改變。其次，淺水波傳播的速度只與海水深度有關。一般來說，存在下面這個關係：

$$v = \sqrt{gh} \qquad\qquad (10.3)$$

式中，v表示淺水波的傳播速度，g表示重力加速度，h表示海水深度。由此可見，傳播速度與海水的深度成正比，海水越深，傳播得越快。

二、海嘯的特點

　　海嘯是一種特殊的淺水波，其特殊之處在於它的動力來自海底地震或火山，而非風力，並且海水的深度很大，這些決定了海嘯具有長波長、能量大和傳播速度快三個特點。

　　具有超長的波長是海嘯最大的特點。1971年美國宇航局（NASA）為了測量海面高程的變化發射了Jason1號測高衛星（傑生1號衛星），其精度為公分級。就是這顆衛星，在2004年印度洋海嘯發生時成功測量到了海嘯波傳播時海面變化的資料。從這顆衛星的測量資料可以得到印度洋海嘯造成的海面高程最大變化約為0.6m，其波長卻高達500km。500km的波長，高度差卻不到1m，可見印度洋海嘯就像龐大的鏡子一般水準地向外傳播，直至到達淺水海岸才會波浪升高，形成巨浪。

海嘯具有很大的能量，以印度洋海嘯為例，斷層滑移使上盤抬升30m，斷層破裂面長度超過1000km。假設上盤抬升與下盤下沉均發生在斷層兩側100km範圍內，海水的密度ρ為103kg/m³，用M代表上盤抬升的海水品質，則：

$$M = \rho v = 10^3 \text{kg/m}^3 \times 10^6 \text{m} \times 10^5 \text{m} \times 30\text{m} = 3 \times 10^{15} \text{kg},$$

假設海水平均抬升高度h為15m，重力加速度g為9.8m/s²，用U代表海水的勢能，則：

$$U = mgh = 3 \times 10^{15} \text{kg} \times 9.8\text{m/s}^2 \times 15\text{m} = 4.4 \times 10^{17} \text{J}.$$

這個能量大約是2000顆廣島原子彈的能量，如此巨大的勢能瞬間轉化為海水流動的動能，可以想像海嘯的危害有多麼巨大。

另外海嘯的傳播速度也是非常快的，地震發生的地方海水越深，海嘯的傳播速度越快。根據前面提到的海嘯波的傳播速度公式：

$$v = \sqrt{gh},$$

式中，v是海嘯波的傳播速度，g是重力加速度（取$g = 9.8$m/s²），h是海水的深度。太平洋海水的平均深度為5500m，取h為5000m，則：

$$v = \sqrt{gh} = \sqrt{9.8\text{ m/s}^2 \times 5000\text{ m}} \approx 232\text{ m/s},$$

這個速度接近於跨洋噴氣式飛機的速度。如果考慮近海岸的情況，取h為100m，同理可得此時海嘯波的傳播速度為31.3m/s，接近於汽車在高速公路上行駛的速度。

▌第三節　海嘯的分類

　　海嘯按照不同的分類方式可有不同的分類，一般都將海嘯按成因和源區與受災區的相對距離來進行分類。

一、按成因分類

　　海嘯按成因可分為三類：地震海嘯、火山海嘯和滑坡海嘯。

1. 地震海嘯

　　地震海嘯是海底發生地震時，海底地形發生急劇升降變動引起海水強烈擾動。其機制有兩種形式：「下降型」海嘯和「隆起型」海嘯。

　　(1)「下降型」海嘯：地震引起海底地殼大範圍的急劇下降，隨之海水向突然錯動下陷的空間湧去，並在其上方出現大規模的積聚。當湧進的海水在海底遇到阻力後，立即翻回海面產生壓縮波，形成長波大浪，向四周傳播與擴散。正是因為這個原因，這種下降型的海底地殼運動形成的海嘯在海岸首先表現為異常的退潮現象。1960年智利海嘯就屬於這種類型。

　　(2)「隆起型」海嘯：地震引起海底地殼大範圍的急劇上升，海水也隨著隆起區一起抬升，並在隆起區域上方出現大規模的積聚。在重力作用下，海水必須保持一個等勢面以達到相對平衡，於是海水從波源區向四周擴散，形成洶湧巨浪。這種隆起型的海底地殼運動形成的海嘯波在海岸首先表現為異常的漲潮現象。1983年日本海附近發生的海嘯就屬於此種類型。

2. 火山海嘯

　　火山爆發引起的海嘯稱之為火山海嘯。1883年，印尼附近發生的海嘯就屬於此類型。當時印尼喀拉喀托火山突然噴發，滾滾的濃煙直沖數十公里以外的高空，巨大的火山噴發物從天而降，墜落到巽他海峽，激起30多公尺高的巨浪，形成海嘯，隨之以高速向爪哇島和蘇門答臘島方向傳播。到達近岸

地區後。海嘯猶如發瘋的野獸一般，以摧枯拉朽之勢，片刻之間就吞噬了3萬多人的生命。

3. 滑坡海嘯

海底滑坡引起的海嘯稱之為滑坡海嘯。1998年巴布亞新磯內亞太平洋海岸發生的海嘯就屬於此類型。在這次海嘯中，人們首先認為它是由海底淺源地震引發的，可是隨著調查的深入才發現真正的元兇其實是海底滑坡。首先，根據儀器的記錄，地震發生後有長達70秒低沉而連續的聲響。而這次地震的規模並不是很大，不可能產生延續這麼長時間的聲響，可見地震發生之後海底又發生滑坡。另外，對於地震海嘯來說，一般在主震發生不久，海嘯就會第一次襲擊海岸。而這次海嘯是在地震的主震發生之後，大約過了20分鐘，波浪才第一次襲擊海岸。由此可見，滯後於地震發生的海底滑坡才是此次海嘯形成的真正原因。

大多數海嘯都是地震海嘯，火山海嘯和滑坡海嘯很少發生，即使發生，破壞力也比較小。

二、按源區與受災區相對距離分類

相對受災區來講，海嘯可分為遠洋海嘯和近海海嘯兩類。

1. 遠洋海嘯

遠洋海嘯是指橫越大洋或從很遠處傳播來的海嘯，也稱為越洋海嘯。遠洋海嘯波是一種長波，波長可達幾百公里，週期近一個小時。在源地生成後，在無島嶼群、大片淺灘和淺水陸架阻擋的情況下，一般可傳播數千公里而能量衰減很少，因而能使數千公里之遙的地方也遭受海嘯災害。如1960年智利海嘯就使數千公里之外的夏威夷、日本遭受到嚴重災害。2004年印度洋海嘯也波及了幾千公里外的斯里蘭卡。同時由於遠洋海嘯到達沿岸的時間較長，有幾個小時或十幾個小時，人們能夠有充分的時間進行逃離。對於遠洋

海嘯，人們成功逃脫的例子並不少見。據泰國《民族報》報導，當2004年印度洋海嘯席捲泰國南部時，當地一個漁村的181名村民根據祖輩們留給他們的一條古訓：「如果海水退去的速度很快，那麼海水再次出現時的速度和流量會和退去時完全一樣。」在海嘯來臨之前成功逃到了高山上的一座廟中，從而躲過了這場劫難。

2. 近海海嘯

近海海嘯，也叫做本地海嘯。地震及海嘯發生源地到受災的沿岸地區相距較近，只有幾十公里或一二百公里，所以海嘯波抵達海岸的時間也較短，只有幾分鐘，多者幾十分鐘，海嘯預警時間則更短或根本無預警時間，很難防禦，人們沒有時間逃脫，因而往往造成極為嚴重的災害。

需要注意的是，遠洋海嘯和近海海嘯的分類是相對的，也就是說，同一個海嘯對於不同地區其分類可能是不同的。以2004年印度洋海嘯為例，地震發生在印尼蘇門答臘島附近的海域，地震的震央就是海嘯波的發源地。對於印尼的亞齊（受災最嚴重的地區）來說，海嘯波從發源地到達這裏只需要幾十分鐘，它是個近海海嘯；但對於其他地區，如印度、泰國、斯里蘭卡、馬來西亞等國，海嘯波的到達需要好幾個小時，它是個遠洋海嘯。

■ 第四節　海嘯災害

某著名的探索電視頻道在其出版的一部關於海嘯的紀錄片中曾這樣解說海嘯：「它似在海平面矗起的巨型水牆，以排山倒海之勢而來，猶如死亡之浪。面對這一地球的終極毀滅者，萬物剎那間即遭淹滅。」正如這段解說詞所言，海嘯是一種極具破壞力的海浪，數十公尺高的巨浪、排山倒海的速度、摧毀一切的能量和巨大的波及範圍均是海嘯的致命所在。據調查，2004年印度洋海嘯發生時在泰國沿岸把一艘50噸重的船從海邊推到岸上1.2km遠

的地方。從有關資料來看，海嘯高達2m，木製房屋會瞬間遭到破壞；海嘯高達20m以上，鋼筋水泥建築物也難以招架，從中可見海嘯的破壞力有多麼巨大。

一、全球的海嘯災害

全球海嘯發生區的分佈基本上與地震帶的分佈一致，主要集中在環太平洋地區和地中海-中亞地區。據資料統計，全球有記載的破壞性較大的海嘯約發生260次，平均六七年發生一次，其中發生在環太平洋地區上的海嘯約占80%，發生在地中海區的約占8%，而在日本列島及其鄰近海域發生的海嘯則占太平洋地區的60%左右（見表10.2）。

表10.2　歷史上破壞巨大的海嘯

時間	嘯源位置	產生原因	情況
1755年11月1日	大西洋東部	地震	摧毀里斯本，死亡人數60000人
1868年8月13日	秘魯－智利	地震	破壞夏威夷、紐西蘭
1883年8月27日	印尼	海底火山噴發	死亡人數30000人
1896年6月15日	日本三陸	地震	死亡人數26000人
1908年12月28日	義大利墨西拿	地震	規模7.5，浪高12m，死亡人數高達82000人，歐洲有史以來死亡人數最多的一次海嘯
1933年3月2日	日本三陸	地震	規模8.9，浪高29m，死亡人數3000多人
1959年10月30日	墨西哥	地震	引發了山體滑坡，死亡人數5000人
1960年5月21日	智利	地震	規模9.5，浪高25m，迄今為止規模最高的一次海嘯，使智利一半的建築物成為廢墟，損失5.5億美元，造成10000人喪生。此外，還越過太平洋，波及日本

時間	嘯源位置	產生原因	情況
1976年8月16日	菲律賓莫羅灣	地震	8000人死亡
1998年7月17日	巴布亞新磯內亞	海底大滑坡	浪高49m，2200人死亡，數千人無家可歸
2004年12月26日	印尼蘇門答臘島	地震	規模9.0，震源深度28.6km，印度洋地區歷史上發生的規模最大的海嘯，近30萬人死亡

　　日本是地震頻繁發生的國家，也是世界上經常遭受海嘯襲擊的國家之一（圖10.4）。西元684～1983年間，日本共發生62次比較嚴重的海嘯，其中最著名的是1896年和1933年在三陸地區發生的兩次海嘯。

圖10.4　日本遭受海嘯襲擊後倒塌的房屋

　　1896年6月15日，明治二十九年，日本東部發生了規模8.5大地震，地震發生後不久，三陸沿海地區出現海水迅速倒退的異常現象，常年被海水覆蓋

的岩礁灘地突然都暴露出來，退走的海水頃刻重返，猶如一堵高聳的水牆沖向岸邊，此次海嘯引起的最大浪高高達38.2m，這是日本明治時代以來最高的海嘯水位，同時海嘯還波及太平洋中部的夏威夷群島，當地最大波高爲10m。這次海嘯造成日本21909人死亡，房屋損壞8526棟，倒塌1844棟，船舶損失5720艘，沿岸大小港口均告癱瘓。日本歷史上稱這次海嘯爲「明治海嘯」。

1933年3月3日，在日本三陸地區發生規模8.1級大地震，與1896年的地震不同的是，這次地震是正斷層地震，而1896年的地震是逆斷層地震。這次地震造成3064人死亡，船舶損失7303艘，房屋損壞4972棟。

智利東倚安第斯山脈，西臨太平洋海溝，處於太平洋板塊與南美洲板塊相互碰撞的俯衝地帶。這種特殊的地理位置，使智利成爲一個經常遭到海嘯侵襲的國家。其中最著名的是1960年發生的大海嘯（圖10.5）。

圖10.5　1960年智利海嘯對2萬公里外的日本造成了巨大的破壞

1960年5月21日淩晨開始，智利的蒙特港附近海底地區發生了一次接連不斷的大地震，其規模之高、持續時間之長、波及面積之廣，實屬世界地震史上罕見。這次地震一直持續到6月23日，在前後1個多月的時間內，先後發生了225次不同規模的地震，規模大於7的有10次之多，規模大於8的有3次。其中最大規模高達9.5，是迄今爲止所有地震規模的最高值。這次地震引起的海嘯使智利一半的建築物成爲廢墟，沿岸100多座防波堤壩被沖毀，船舶損失2000多隻，損失5.5億美元，10000多人喪生。同時，這次海嘯波及整個太平洋，海嘯發生後以每小時700多公里的速度在太平洋傳播，其經過的國家和地區均遭受不同程度的損失。美國夏威夷被毀建築物多達500座，61人死亡，傷282人，損失近億美元。地震發生22小時後，日本也遭受到海嘯的襲擊。在這次海嘯發生的過程當中還充分體現了海嘯科學知識的重要性：當海嘯傳播到夏威夷時，居民紛紛跑往高地進行避難，當第一次海浪過去之後，幾乎沒有人員傷亡。但是有很多人剛看到海水退去就返回家園，沒有想到的是，30分鐘後，更大的海浪襲擊了此地，61人不幸遇難。這是對海嘯最常見的誤解，在最初的海浪過去之後，就以爲海嘯已經結束。其實海嘯不是一個海浪，它是一系列的多個的海浪。每隔10～60分鐘便有一個波峰湧至，而且通常第一個波並不是最大的波。海嘯所造成的危害，往往在第一個波浪湧至後數小時內仍然持續。與此形成鮮明對比的是日本居民，他們始終保持高度的警惕，在高處足足躲避了4個小時，沒有得到通知前，沒有一個人回家。這充分體現了普及海嘯知識的重要性。

位於太平洋地震帶上的印尼也是頻繁發生海嘯災害的國家之一，其中最著名的莫過於2004年發生的印度洋海嘯。

2004年印尼蘇門答臘島附近海域的深海地震發生在印度-澳洲板塊和歐亞板塊的俯衝帶上，這個俯衝帶寬約100～400km，是眾所周知的地震活動

區，歷史上發生過多次地震。這次地震規模高達9，是近50年來全世界發生的特大地震，也是印度洋地區歷史上規模最大的地震（圖10.6）。這次地震的震央位於大洋之中，故地震本身並沒有造成很大的傷亡，但是其引起的海嘯卻襲擊了許多人口密集的海岸地區，如印尼、斯里蘭卡、泰國、印度、馬來西亞、孟加拉、緬甸、馬爾代夫等國，短短兩周內遇難者人數就已超過25萬人。對於印尼來說，這次海嘯屬於近海海嘯，地震發生後不久海嘯就抵達其海岸，在海邊的人們紛紛被沖上岸的巨浪捲入大海，巨浪掃蕩過後，屍橫遍地，其中包括很多兒童，迷人的海灘在災難過後已經成為「露天停屍間」，到處都可以看見屍體，其狀慘不忍睹（圖10.7和圖10.8）。這次海嘯災害之所以如此巨大，除了海嘯本身，當地沒有建立必要的海嘯預警系統，對於海嘯災害的預防不足也是一個很重要的原因。

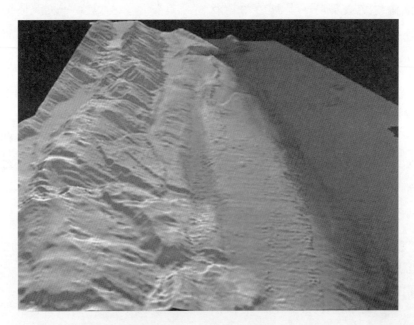

圖10.6　印度洋地震後海底山脊倒塌形成山崩地段，中間凹陷部分為印度洋大地震給海床烙上的「傷疤」

圖10.7　2004年印度洋海嘯襲擊後一片狼藉的海灘

圖10.8　在印度古德洛爾地區因海嘯喪生的遇難者集體埋葬現場，多名婦女面
　　　　對失去親人放聲痛哭

二、中國的海嘯災害

中國海區地處太平洋西部，瀕臨西北太平洋地震帶，有很長的海岸線。那麼，中國沿海地區會不會發生災害性的海嘯？遠洋海嘯會不會波及中國並造成災害性破壞呢？

據歷史記載，兩千年以來，中國只發生過10次地震海嘯，平均200年左右才出現一次（表10.3）。最嚴重的一次發生在1781年的高雄，徐泓所編的《清代臺灣天然災害史料彙編》中記載到：「乾隆四十六年四、五月間，時甚晴霽，忽海水暴吼如雷，巨湧排空，水漲數十丈，近村人居被淹……不數刻，水暴退……」。古人經常把海嘯和風暴潮混在一起，史書中雖有多次「海水溢」的記載，但大部分都是風暴潮引起的近海海面變化，海嘯所占比例甚小。中國近海監測記錄到的海嘯共有3次：

第一次是在1969年7月18日，渤海中部發生了規模7.4地震，隨之引發海嘯，給河北唐山地區造成一定危害。

第二次是1992年1月4日至5日，海南島南端發生海嘯，根據榆林驗潮站的記錄，其波高為0.78m，同時三亞港也出現波高0.5～0.8m的海嘯，在當地造成了一定的損失。

第三次是1994年臺灣海峽發生的海嘯，不過這次海嘯並沒有造成損失。這些都表明中國沿海地區發生地震海嘯的可能性很小。

表10.3　中國歷史海嘯記載一覽（李善邦，1981）

時間	記事（史料）	出處	備註
173年6月28日至7月27日的某日	熹平二年六月，北海地震，東淶、北海海水溢	後漢書·靈帝記	
1076年10月31日至11月28日的某日	熙寧九年十月，海陽，潮陽二縣海嘯溢，壞廬舍；溺居民	宋史·五行志	與1640年海嘯在同一地方，其他無史料

時間	記事（史料）	出處	備註
1347年9月17日	至正七年十月，八月壬午（十二），杭州，上海海岔，午潮退而複至	元史・五行志	
1353年8月1日	至正十三年七月丁卯（十二），泉州海水一日三潮	元史・五行志	
1362年7月14日	至正壬寅（二十二年）六月二十三日，夜四更，松江近海處潮呼驟至，人皆驚，因非正候，至辰時正潮至，遂知前者非潮。後據泖湖人談，泖湖素常無潮通過，忽水面高漲三四尺，類潮漲，某時亦在上述時間，又平江、嘉興亦如是	輟耕錄（松江志異）	泖湖在太湖外，其下以吳淞江與海相連，位於松江之西，承諸水，類湖澤
1509年6月17日至7月16日的某日	正德四年六月，地震，海水沸。正德四年己巳夏，地震，海水沸	光緒六年嘉定縣誌。光緒八年寶山縣誌，光緒十五年羅店鎮志	
1640年9月16日至10月4日的某日	崇禎十三年，秋八月，海溢，地屢震。崇禎十三年庚辰，地屢震，海潮溢	乾隆揭陽縣誌。嘉慶二十年澄海縣誌。光緒十年潮陽縣誌	
1670年8月19日	康熙九年七月巳未（五），地震，有聲，海溢，濱海人多溺死	乾隆十三年、同治一年蘇州府志	
1867年12月18日	同治六年十一月二十三日，臺灣基隆大地震，全市房屋倒塌，且伴有海嘯，附近火山口流出熱水，死者頗多	日本地震史料	
1917年1月25日	民國六年正月初三，地大震，海潮退而複漲，漁船多遭沒	民國十八年同安縣誌	

中國海區處於寬廣大陸架上，渤海平均深度約為20m，黃海平均深度約

為40m，東海平均深度約爲340m，總體水深都不大，不利於地震海嘯的形成與傳播。從地質構造上看，中國除了郯城—廬江大斷裂縱貫渤海外，沿海地區很少有大斷裂層和斷裂帶，在中國海區內也很少有島弧和海溝，因此，中國大部分海域地震產生本地海嘯的可能性比較小。歷史上也確實如此，1969～1978年間中國渤海、廣東陽江、遼寧海城、河北唐山先後發生了4次大地震，儘管這些地震規模均在6以上，但均未引發地震海嘯。

下面再來看看太平洋地震產生的遠洋海嘯對中國沿海地區的影響。在中國遼闊的近海海域內，分佈著大小數千個島嶼礁灘。從渤海的廟島群島，到黃海的勾南沙、東海的舟山群島，臺灣島以及南海諸島，這些眾多島嶼構成了一個環繞大陸的弧形圈，形成一道海上屏障。在中國近海外側又有日本九州、琉球群島，以及菲律賓諸島拱衛，又構成另一道天然的防波堤，抵禦著外海海嘯波的猛烈衝擊。這一系列的天然島弧遮罩了中國大部分的海岸線。另外，中國的海域大都是淺水大陸架地帶。向外延伸遠，海底地形平緩而開闊，不像印度洋海嘯影響的許多地區那樣，海底逐漸由深變淺，中間沒有一個平緩的緩衝帶。當遠洋海嘯從太平洋方向傳播到中國海區時，在寬廣大陸架淺海底摩擦阻力的作用下，能量會迅速衰減，到達中國近海岸地區時已不會形成災害。1960年智利海嘯發生時，對菲律賓、日本等地均造成巨大災害，但海嘯波傳至上海時，在吳淞口驗潮站只記錄到15～20cm的海嘯波高；傳至廣州時，閘坡海洋站僅測出這次地震海嘯波的微弱痕跡。2004年印度洋海嘯發生時，海南島的三亞驗潮站記錄到的海嘯浪高也只有8cm。由此可看出，太平洋地區地震引發的遠洋海嘯並不會對中國沿海地區構成比較大的威脅。

雖然中國的海岸受海嘯的影響不大，但中國東部海岸地區地勢較低，特別是許多經濟發達的沿海大城市只高出海平面幾公尺，受海浪的浪高影響極大。從成災的角度來看，小海嘯、大災害的情況是很有可能發生的。海嘯仍然存在著潛在的危險，是中國不容忽視的海洋災害。

三、海嘯早期預警系統

　　1964年阿拉斯加一帶海域發生了芮氏規模9.2的地震，地震引起的巨大海嘯襲擊了大半個阿拉斯加。海嘯發生後，美國國家海洋和大氣局開始啓動海嘯預警系統的研究。後來，太平洋地震帶的一些北美、亞洲、南美國家，太平洋上的一些島嶼國家、澳大利亞、新西蘭，以及法國和俄羅斯等國都先後加入。1965年，26個國家和地區進行合作，在夏威夷建立了太平洋海嘯警報中心（PTWC），許多國家還建立了類似的國家海嘯警報中心。國際海嘯預警系統一般是把參與國家的地震監測網路的各種地震資訊全部匯總，然後透過電腦進行分析，並設計成電腦模擬，大致判斷出哪些地方會形成海嘯，其規模和破壞性有多大，計算出海嘯到達太平洋各地的時間，基本資料形成後，系統會迅速向有關成員國傳達相關警報。而一旦海嘯形成，該系統分佈在海洋上的數個水文監測站會及時更新海嘯資訊。

　　建立海嘯預警系統的科學依據有兩個：首先，地震波的傳播速度要比海嘯波的傳播速度大，地震波的速度大約為3×10^4km/h，而海嘯波的速度僅為幾百公里每小時。在遠處，地震波要比海嘯早到達數十分鐘乃至數小時，具體數值取決於震央距和地震波與海嘯的傳播速度。例如，當震央距為1000km時，地震縱波大約2.5分鐘就可到達，而海嘯則要走大約1個多小時，其中1960年智利海嘯就是在地震發生22小時後才到達日本海岸。這樣，當地震發生時，我們根據地震站接收到的地震波，不僅可以知道何處發生了地震，並且可以預測海嘯到達海岸的時間，提前作出預報，讓人們有時間進行逃生。其次，海嘯波在海洋中傳播時，其波長很長，會引起海水水面大面積升高，這是海嘯造成的獨特現象，雖然颱風也會造成海面出現大波浪，但由於其波長不夠長，面積遠遠不及海嘯。這樣，在大洋中建立一系列的觀測海水水面的驗潮站，就可以得到海嘯發生及傳播等有關資訊。

　　海嘯的產生是個複雜的問題，並不是所有的地震都會產生海嘯，事實

上，大約只有1/4的海底強震才會引發海嘯，這就導致太平洋海嘯警報中心會經常發出虛假警報。例如，1948年，檀香山收到海嘯警報後，將全體居民撤離了沿岸，採取了緊急行動，大概花費了3000萬美元，但是後來此地並沒有發生海嘯。1986年當地又收到了一次假警報，損失同樣巨大。據統計，從1948～1996年，太平洋海嘯警報中心在夏威夷一共發20次海嘯警報，其中只有5次是真警報，虛報比例高達75%。近幾年，隨著歷史資料的深入分析和數值模擬技術的發展，虛報比例有所下降。

印度洋海嘯造成的嚴重災害，使人們對預警系統有了新的認識：

(1) 由於海嘯發生的頻率比較低，需要建立綜合的各災種的綜合性預警系統。

(2) 建立全球的海嘯預警系統比建立國家和區域的預警系統更有效，更經濟。

(3) 預警系統應採用最先進的技術。

(4) 海嘯預警系統不是萬能的，本地海嘯的預警遠比遠洋海嘯困難得多，因此，為了最大限度減輕災害，除了海嘯預警系統外，災害的其他預防和救援也是不容忽視的。

當前，有關海嘯早期預警的工作主要集中在下面四個方面：海嘯產生的機理，相關的數學模型，安裝多個深海海底地震儀（OBS）組成的監測系統和預警資訊的快速發佈。

中國也非常重視海嘯的減災工作。20世紀70年代以來，中國就開始加強對海嘯的研究和預報力度，其中在沿海海域地震海嘯分佈概況和發生頻率等方面取得了很大的進步。1983年中國加入太平洋海嘯警報中心，隨之國家海洋局海洋環境預報中心開展了海嘯預警報業務。在海島和近岸建立了大量的海洋監測站和浮標站，現已基本具備海嘯預警能力。90年代後期，國家海洋局還組織開發了太平洋海嘯資料資料庫、太平洋海嘯傳播時間數值預報模式和越洋、近海海嘯數值預報模式。這些模式在廣東大亞灣、浙江秦山、福建

惠安等5個核電站的環境評價中得到應用。印度洋海嘯發生後，國家海洋環境預報中心迅速組織專家進行數值類比，重現印度洋海嘯的發生過程，進行相關的研究。目前，中國繼續加強海嘯災害的監測預警能力建設，完善海嘯應急回應預案，加大海嘯發生、發展等基礎理論和預警報技術研究力度，建立快速溝通的資訊互通機制，加強與發達國家開展海嘯預警報技術合作研究，積極參與各國間海嘯預警報合作活動，並在海嘯嚴重地區進行海嘯防災減災演習，努力降低海嘯帶來的損失。

四、避災注意事項

2004年印度洋海嘯在東南亞及南亞地區造成巨大傷亡，罹難人數近30萬，數百萬人無家可歸，是有史以來死亡人數最多，損失最慘重的海嘯災難。這次海嘯之所以會造成如此慘烈的損失，除了印度洋區域未建立海嘯預警系統這一原因外，當地居民不瞭解有關海嘯的科學知識，面對海嘯缺少逃生經驗，應急措施不力也是一個很重要的原因。

海嘯幾乎是不可能準確預測的。可是，海嘯也是有一些前兆的，其中地震是海嘯最明顯的前兆。因為地震波先於海嘯到達近海岸，人們有時間及時避險。雖然不是所有的地震都會引起海嘯，但它還是經常發生的，如果在海灘或鄰近海的地方感到地震，應馬上向高處跑去。若在入海的大河、小溪邊，也要馬上採取行動，因為此處也有可能產生海嘯。對於越洋海嘯，通常有足夠的時間讓大家跑往高地，對於局地海嘯，當感到地面晃動時，只會有幾分鐘時間跑往高處，所以採取及時的行動是非常重要的。許多沿岸低窪地區都建有鋼筋混凝土大型建築，在海嘯警告發出時，如不能迅速跑往瀕海內陸高地，這些建築是可以考慮的避難處，不可停留於沿岸低窪地區的房屋和小型建築物，它們的設計都不能抵禦海嘯的衝擊。

有許多技術方法可以確定海嘯的來臨，大自然也有它自己的方式來警告人們。例如在某些地區，如果岸邊的海水不正常的增高或降低，這就是海

嘯的預示。所以，海平面顯著下降或有巨浪襲來時，必須以最快速度撤離岸邊。注意海水異常退去時往往把魚蝦等許多海生動物留在淺灘。此時千萬不能去撿魚或看熱鬧，必須迅速離開海岸，轉移到內陸高處。

在印度洋海嘯中，一名年僅10歲的英國小女孩憑著自己在課堂上學到的有關海嘯的知識，在大海嘯中救了幾百人的命，這位小英雄名叫緹麗，海嘯來臨當天，她正與父母在泰國普吉島海灘享受假期。就在海嘯到來前的幾分鐘，緹麗的臉上突然露出驚恐之色。她跑過去對母親說：「媽媽，我們現在必須離開沙灘，我想海嘯即將來臨！」她說她看見海灘上起了很多的泡泡，然後浪就突然打了過來。這正是地理老師曾經描述過的有關地震引發海嘯的最初情形。老師還說過，從海水漸漸上漲到海嘯襲來，這中間有10分鐘左右的時間。起初，在場的成年人對小女孩的預見都是半信半疑，但緹麗堅持請求大家離開。她的警告如星火燎原般在沙灘上傳開，幾分鐘內遊客已全部撤離沙灘。當這幾百名遊客跑到安全地帶時，身後已傳來了巨大的海浪聲——「噢，上帝，海嘯，海嘯真的來了！」人們在激動和驚恐中哭泣，爭相擁抱和親吻他們的救命恩人緹麗。當天，這個海灘是普吉島海岸線上唯一沒有死傷的地點。

另外海嘯發生時不要驚慌，要採取有力的應急措施。

(1) 接到海嘯警報後應立即切斷電源，關閉燃氣，緊急逃離，不要因顧及財產損失而喪失逃生時間。

(2) 對於停泊在港灣的船舶和航行的海上船隻來說，應立即駛向深海區，不要停留在港口、回港或靠岸，因為遼闊大洋上海嘯並不明顯；在海港和碼頭，海嘯可導致潮位迅速變化，產生不可預測的危險水流。

(3) 海嘯最初衝擊沿岸之後，具破壞性的波浪和變幻莫測的水流會影響海港一段時間，返回港口前，應先於海港管理當局聯絡，確認海港情況是否

可供安全航行和停泊。

(4) 海嘯期間不幸落入水中時：

① 切忌驚慌亂掙扎，不要舉手，儘量不要游泳，能浮在水面即可；

② 儘量抓住木板等漂浮物，避免與其他硬物碰撞；

③ 海水溫度偏低時，不要脫衣服；

④ 口渴時，不要喝海水，因為海水中含有大量的鹽，進入人體後，會加速人的脫水，輕則讓人感覺更加口渴，重則會精神紊亂，甚至死亡；

⑤ 盡可能向其他落水者靠近，積極互助、相互鼓勵，盡力使自己更容易被救援者發現。

(5)海嘯過後，搶救落水者要注意：

① 給落水者適當喝些糖水，但不要讓落水者飲酒；

② 讓落水者泡入溫水裏恢復體溫，或披上被、毯、大衣等保溫，不可局部加溫或按摩；

③ 如果落水者受傷，要立即採取止血、包紮、固定等急救措施，重傷患要及時送往醫院，避免耽誤醫救時機；

④ 及時清除溺水者鼻腔、口腔和腹內的吸入物：將溺水者的肚子放在施救者的大腿上，從其後背按壓，將海水等吸入物倒出；

⑤ 如果溺水者心跳、呼吸停止，須立即交替進行口對口人工呼吸和心臟擠壓。

海嘯固然可怕，但是只要我們努力做好海嘯預警工作，加強國際間的合作，增強社會公眾的防災意識，完善海嘯應急響應預案，相信我們一定可以把海嘯災害降低到最小。

思考題

1. 海嘯是地震引起的，海嘯預報的準確度比地震預報高嗎？
2. 爲什麼中國東南沿海受海嘯的威脅較小？

本書主要參考書目

[1] 〔美〕安藝敬一，P. G. 理查茲著。定量地震學。李欽祖，等譯。北京：地震出版社，1986。

[2] 〔美〕Bruce A. Bolt著。地震九講。馬杏垣，等譯。北京：地震出版社，2000。

[3] Lay T& Wallace T C. Modern Global Seismology. London: Academic Press, 1995.

[4] Bruce A. Bolt. Earthquakes, W.H. New York: Freeman and Company, 1999.

[5] 陳運泰，吳忠良，王培德，等。數字地震學。北京：地震出版社，2004。

[6] 陳運泰。地震預測——進展、困難與前景。地震地磁觀測與研究，2007。

[7] 傅承義。地球十講。北京：科學出版社，1976。

[8] 傅承義，陳運泰，祁貴仲。地球物理學基礎。北京：科學出版社，1985。

[9] 傅承義。中國大百科全書—固體地球物理學、測繪學和空間科學卷。北京：中國大百科全書出版社，1985。

[10] 傅淑芳，劉寶誠。地震學教程。北京：地震出版社，1991。

[11] 胡聿賢著。地震工程學（第二版）。北京：地震出版社，1993。

[12] 吳忠良，陳運泰，牟其鐸。核爆炸地震學概要。北京：地震出版社，1994。

[13] 周仕勇，許忠淮。現代地震學教程。北京：北京大學出版社，2010。

[14] 吳忠良，劉寶誠。地震學簡史。北京：地震出版社，1989。

[15] 曾融生。固體地球物理學導論。北京：科學出版社，1984。

[16] 劉斌。地震學原理與應用。合肥：中國科學技術大學出版社，2009。

[17] 中國科學院地球物理研究所。地震學基礎。北京：科學出版社，1976。

[18] 張少泉。地球物理學概論。北京：地震出版社，1987。

[19] 陸基孟。地震勘探原理。東營：石油大學出版社，2001。

[20] 謝裏夫。吉爾達特。勘探地震學。北京：石油工業出版社，1999。

[21] 姚姚。地震波場與地震勘探。北京：地質出版社，2003。

[22] 史謌。地球物理學基礎。北京：北京大學出版社，2002。

[23] 王新紅。平原複雜地表區地震勘探特殊炸藥震源的研究及應用。北京：石油工業出版社，2008。

[24] 伊爾馬茲。地震資料分析。北京：石油工業出版社，2006。

[25] Kearey, P., Brooks, M.. An introduction to geophysical exploration (2nd Edition), 1991, BLACKWELL SCIENTIFIC PUBLICATIONS.

[26] 張榮忠，郭良川，徐輝。孔隙壓力地震預測技術綜述。勘探地球物理進展，2005，28(2)，90～96。

[27] 淺田敏。地震預報方法。北京：地質出版社，1987。

理工推薦熱賣：
必備精選書目

都市發展─制定計畫的邏輯

作　　者　路易斯‧霍普金斯
（Lewis D. Hopkins）
譯　　者　賴世剛
ＩＳＢＮ　978-957-11-4054-4
書　　號　5T04
定　　價　520

本書特色

　　本書將帶給所有參與人居地規劃者──對於計畫為何及如何作之完整認識，使得他們在使用及制定計畫上做更佳的選擇。本書將對規劃理論、土地使用及規劃實務課程的學生及教授具極重要貢獻。

特殊地植生工程

作　　者　林信輝
國家教育研究院主編
ＩＳＢＮ　978-957-11-6685-8
書　　號　5I26
定　　價　520

本書特色

　　本書彙集作者35年來從事特殊地環境調查與植生工程試驗研究之成果，以及編寫相關植生手冊、植生規範等之實務經驗所得，就需特別考量土砂災害控制地區、植生不易之特殊土質地區，及為坡地保育利用之地區，分別探討其植生工程規劃要點、植生工程應用實務及相關成果照片之解說。全文分為總論、崩塌地植生工程、保護帶(緩衝綠帶)植生保育、海岸地區植生工程、泥岩地區植生工程、礦區植生工程、農地保育利用與植生方法、生態水池植栽設計等章節，期待能夠經由本書的出版，俾供從事特殊地植生工程及植生復育規劃設計者之參考。

普通微積分

作　　者　黃學亮
ＩＳＢＮ　978-957-11-6310-9
書　　號　5Q08
定　　價　450

本書特色

　　本書主要針對研習專業課程需以微積分作為基礎工具之科系學生編寫。微積分對許多學生來說總有莫名的恐懼感，因此本書編寫時儘量避免使用艱澀論述，而以口語化敘述代之，期能消除傳統數學教材難以卒讀之感。

　　不斷練習是學習數學的必要手段，因此本書包含多元的題型演練及解說，以使讀者培養微積分基本應用能力，亦蒐集一些具啟發性的問題及例題供讀者砥礪微積分實力之用。

快速讀懂日文資訊 (基礎篇)－科技、專利、新聞與時尚資訊

作　　者　汪昆立
ＩＳＢＮ　978-957-11-6262-1
書　　號　5A79
定　　價　420

本書特色

　　日本的科技技術並不亞於歐美國家，甚至在某些方面更為超越，因此獲取其相關資訊，是了解最新科技發展技術與知識的最佳途徑。有感於日文對研究發展之重要性，本書匯整學習科技日文所需的相關知識，撰寫方式以非熟悉日文讀者為對象，由五十音、日文的電腦輸入與查詢、助詞的基本用法、動詞的基本變化、長句的解析、科技日文中常見的語法及用法等，作出系統整理；對於日本資訊抱持興趣、卻因看不懂坊間文法書而不得其門而入的讀者，藉由本書將有助短時間內學會如何看懂日文科技資訊，甚而進一步引發對語言的興趣，為一知識與實用兼具之日文學習書。

最佳課外閱讀：
閱讀科普系列

當快樂腳不再快樂
—認識全球暖化

作　　者	汪中和
ＩＳＢＮ	978-957-11-6701-5
書　　號	5BF6
定　　價	240

本書特色

　　是災難？還是全人類所要面對的共同危機或轉機？

　　台灣未來因氣候暖化，海平面不斷升高，蘭陽平原反而在下沉，一升一降加成的效應，使得蘭陽平原將成為台灣未來被淹沒最嚴重的區域，我們應該要正視這個嚴重的問題，及早最好完善的規劃。全書以深入淺出方式，期能喚醒大眾正視全球暖化議題，針對現階段台灣各地區可能會因全球暖化所造成的衝擊，提出因應辦法。

伴熊逐夢—台灣黑
熊與我的故事

作　　者	楊吉宗
ＩＳＢＮ	978-957-11-6773-2
書　　號	5A81
定　　價	300

本書特色

　　本書為親子共讀繪本，內文具豐富手繪插圖、全彩，並標示注音，除可由家長陪伴建立孩子對愛護動物及保育觀念，中、低年級孩童亦能自行閱讀。

　　作者以淺白易懂的文字，讓讀者皆能細細體會保育動物－台灣黑熊媽媽被人類馴化、黑熊寶寶的孕育，直至最後野化訓練。是為最貼近台灣黑熊的深情故事繪本。

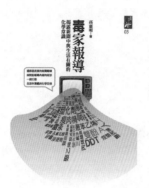

毒家報導－揭露新聞中與生活有關的化學常識

作　者	高憲明
I S B N	978-957-11-6733-6
書　號	5BF7
定　價	380

本書特色

　　本書總共分成十個課題，藉由有機食品與有機化學之間的連結性，展開一趟結合近年來新聞報導相關的生活化學之旅，透過以輕鬆詼諧的口吻闡述生活及食品中重要的化學物質，尤其是對食品添加物潛藏的安全危機多所著墨，適用的讀者對象包含一般社會大眾及在學學生。

可畏的對稱—現代物理美的探索

作　　者	徐一鴻
譯　　者	張禮
I S B N	978-957-11-6596-7
書　　號	5BA7
定　　價	280

本書特色

　　本書介紹愛因斯坦和他的追隨者們，通過一個世紀的努力建構了近代物理學基礎理論的框架。他們將對稱性作為指導原則，並深信這是揭示自然基礎設計秘密的鑰匙。

　　內容第一部份從藝術、建築、科學到物理學的弱作用宇稱不守恆等領域，探討對稱性與建築設計，進而到自然界基礎規律的設計關係；第二部份介紹愛因斯坦在創立相對論的過程中所得出的「對稱性指揮設計」的觀點；第三部份介紹對稱性在認識和詮釋量子世界中所取得的成果；第四部份介紹楊－米爾斯規範理論並將對稱性思想再次引入基礎物理學的舞台，同時在此基礎上進一步探求宇宙的「最終設計」及所遇到的問題。

國家圖書館出版品預行編目資料

地震概論／趙克常著. — 一版. — 臺北
市：五南, 2013.04
　　面；　公分

ISBN 978-957-11-7055-8（平裝）

1.地震

354.4　　　　　　　　　102004776

5I28

地震概論
Earthquake Introduction

作　　者 ― 趙克常

校　　訂 ― 吳善薇

發 行 人 ― 楊榮川

總 編 輯 ― 王翠華

主　　編 ― 王正華

責任編輯 ― 金明芬

封面設計 ― 簡愷立

出 版 者 ― 五南圖書出版股份有限公司

地　　址：106台北市大安區和平東路二段339號4樓

電　　話：(02)2705-5066　　傳　　真：(02)2706-6100

網　　址：http://www.wunan.com.tw

電子郵件：wunan@wunan.com.tw

劃撥帳號：01068953

戶　　名：五南圖書出版股份有限公司

台中市駐區辦公室/台中市中區中山路6號

電　　話：(04)2223-0891　　傳　　真：(04)2223-3549

高雄市駐區辦公室/高雄市新興區中山一路290號

電　　話：(07)2358-702　　傳　　真：(07)2350-236

法律顧問　元貞聯合法律事務所　張澤平律師

出版日期　2013年 4 月初版一刷

定　　價　新臺幣350元

版權聲明

本作品原由北京大學出版社有限公司出版。經北京大學出版社有限公司授權五南圖書出版股份有限公司於臺灣地區獨家出版發行。保留一切權利。未經書面許可，任何人不得複製、發行。

※版權所有‧欲利用本書內容，必須徵求本公司同意※